DETETIVES DA AVIAÇÃO

Christine Negroni

Detetives da aviação
Os acidentes aéreos mais misteriosos do mundo

TRADUÇÃO
Leonardo Alves

Copyright © 2016 by Christine Negroni
Todos os direitos reservados incluindo o direito de reprodução integral ou em partes em qualquer formato.
Esta edição foi publicada em acordo com a Penguin Publishing Group, uma divisão da Penguin Random House LLC

Grafia atualizada segundo o Acordo Ortográfico da Língua Portuguesa de 1990, que entrou em vigor no Brasil em 2009.

Título original
The Crash Detectives

Capa
Gregg Kulick

Ilustração de capa
© Mike Badrocke, imagem de *Boeing Aircraft Cutaways*, publicado originalmente por Osprey Publishing / Bloomsbury Publishing Plc

Preparação
Pedro Staite

Índice remissivo
Probo Poletti

Revisão
Adriana Bairrada
Valquíria Della Pozza

Dados Internacionais de Catalogação na Publicação (CIP)
(Câmara Brasileira do Livro, SP, Brasil)

Negroni, Christine
　　Detetives da aviação: os acidentes aéreos mais misteriosos do mundo / Christine Negroni; tradução Leonardo Alves. – 1ª ed. – Rio de Janeiro : Objetiva, 2017.

　　Título original: The Crash Detectives
　　ISBN 978-85-470-0038-7

　　1. Acidentes aéreos – Fatores humanos 2. Acidentes aéreos – Investigação 3. Aeronáutica – Medidas de segurança I. Alves, Leonardo. II. Título.

17-02867	CDD-363.12465

Índice para catálogo sistemático:
1. Investigações de acidentes aéreos: : Problemas
　　　sociais　　363.12465

[2017]
Todos os direitos desta edição reservados à
EDITORA SCHWARCZ S.A.
Praça Floriano, 19 – Sala 3001
20031-050 – Rio de Janeiro – RJ
Telefone: (21) 3993-7510
www.companhiadasletras.com.br
www.blogdacompanhia.com.br
facebook.com/editoraobjetiva
instagram.com/editora_objetiva
twitter.com/edobjetiva

Sumário

Introdução	9
Introdução à edição brasileira	13
Parte um: Mistério	17
O Clipper	19
Ar rarefeito	21
Emergência	30
Uma luz que se apaga	37
Incompreensível	44
Energia intermitente	51
Centro de confusão	55
Conexões não causais	58
Acobertamento	62
Perdido no mar	67
Parte dois: Conspiração	77
Um pouco de desconfiança	79
Um diplomata morre	84
A esquiva	92
Trabalho na neve	108

PARTE TRÊS: Falibilidade 121
    O progresso e suas consequências inesperadas 123
    Desconhecidos desconhecidos 128
    Desvio 141
    Delírio febril 147
    Usina 153
    Fratricídio térmico 159

PARTE QUATRO: Humanidade 169
    O necessário 171
    Responsabilidade exclusiva 175
    O sistema de prevenção 179
    Evolução 191

PARTE CINCO: Resiliência 199
    A metáfora do controle 201

Agradecimentos 223
Referências bibliográficas 227
Índice remissivo 231

Ó Trindade de poder e amor
Guardai os viajantes do perigo;
De rochas e tormentas, do fogo e do mal,
Protegei cada um aonde for;
Assim, para sempre irão Te alcançar
Glórias do ar e da terra e do mar.
WILLIAM WHITING, 1860
HINÁRIO PRESBITERIANO

Introdução

Posso dizer o seguinte sobre o voo 370 da Malaysia Airlines: há poucos indícios de que os pilotos tenham participado de um sequestro ou atentado com o avião que eles estavam conduzindo de Kuala Lumpur para Beijing em 8 de março de 2014. Basta ver o desastre intencional chocante de um voo da GermanWings um ano depois para perceber a rapidez com que as pistas vêm à tona, bem como a quantidade de indícios, quando um piloto conspira para derrubar um avião de passageiros. Minha teoria sobre o que aconteceu ao MH-370 começou a tomar forma na minha primeira semana na Malásia, quando fui ajudar a ABC News a cobrir a história.

Quando fiquei sabendo do desaparecimento da aeronave, eu estava no meio do golfo de Tonkin, no Vietnã. A notícia ter chegado a mim em um lugar tão remoto era um sinal do sucesso das tecnologias de comunicação. O fato de, anos depois, ainda não sabermos o que aconteceu com o avião e seus passageiros é uma demonstração dos fracassos delas.

Fui às pressas para Kuala Lumpur e passei cinco semanas lá. A cada noite, eu ia para a cama com a certeza de que acordaria com a notícia do paradeiro do avião. Enquanto isso não acontecia, eu e todo mundo éramos tomados pelo sentimento de que aquilo era algo "inédito", uma palavra que o ministro malaio dos Transportes e da Defesa gostava muito de dizer.

Na realidade, ao longo dos últimos cem anos de aviação comercial, mais de uma dúzia de aviões desapareceram sem deixar rastros. E, mesmo quando se encontrava um avião desaparecido, às vezes era impossível determinar o que tinha dado errado.

Quando voltei aos Estados Unidos e comecei as pesquisas para este livro, vi o trailer de um documentário produzido por Guy Noffsinger, um especialista em mídia da Nasa. "O que aconteceu com o avião comercial mais moderno do mundo e com as pessoas a bordo?", perguntava o narrador, com um tom funesto na voz. Foi falha estrutural, erro do piloto ou algo mais sinistro?

Seguindo um estilo semelhante, Edgar Haines, autor de *Disaster in the Air* [Desastre no ar], escreveu: "Foi de especial interesse para todos a súbita interrupção do contato normal por rádio" e "a falta de comunicações subsequentes".

No entanto, Noffsinger e Haine não estavam se referindo ao MH-370; eles falavam do hidroavião *Hawaii Clipper* da Pan American Airways.* A aeronave desapareceu 76 anos antes do MH-370 e foi um dos primeiros mistérios da aviação comercial. Até hoje é motivo de fascinação.

Depois de duas décadas escrevendo sobre segurança aérea e trabalhando como investigadora de acidentes, percebi que a maioria dos acidentes é uma variação de um número restrito de temas, e neste livro exploro alguns deles: falhas de comunicação, excesso de confiança ou falta de compreensão quanto à tecnologia, erros de projeto em aviões e motores e deslizes no desempenho de tripulantes, operadores e mecânicos. O denominador comum entre os acidentes (e incidentes**) neste livro é o fato de que eles intrigaram os detetives de desastres aéreos em sua busca por respostas.

Para que abrir investigações, afinal? Não é para ajudar as famílias das vítimas a "superar", embora se trate de um bônus misericordioso. Não é para apontar culpados para que as pessoas possam ser penalizadas e os advogados possam processar. As investigações ajudam a esclarecer como máquinas e seres humanos falham, o que por sua vez nos ensina a evitar consequências semelhantes. Graças à importância que a comunidade da aviação tem dado a essa questão ao longo dos anos, é muito menos provável morrer em um voo a oitocentos quilômetros por hora e a onze quilômetros de altitude do que em qualquer outro meio de transporte.

---

* A Pan American Airways se tornou Pan American World Airways em 1950.
** Incidentes não resultam em ferimentos graves, perda de vidas ou danos significativos à aeronave.

De treinamento de pilotos, projetos de aviões e motores a arremessos de bonecos de teste cheios de borracha e sensores em laboratórios, toda decisão relativa à aviação comercial se baseia em lições ensinadas por desastres. É por isso que é tão importante descobrir o que aconteceu com o voo 370 da Malaysia Airlines, mesmo que o avião nunca seja encontrado.

Uma busca infrutífera ainda não é o fim da história; analisar hipóteses a respeito do que aconteceu pode identificar perigos que precisam ser reparados. Então, embora seja possível que um piloto, ou ambos — em um ato atípico de hostilidade e sem que nenhum de seus amigos ou familiares tivesse percebido nada de estranho —, tenha jogado o avião de propósito rumo ao nada, outras teorias se encaixam melhor nos fatos disponíveis.

A minha é que uma pane elétrica derrubou os sistemas do Boeing 777 e o avião sofreu despressurização, o que incapacitou os pilotos. O que quer que tenha acontecido, não chegou a causar danos sérios o bastante para afetar a aeronavegabilidade, já que o avião continuou voando por muitas horas até esgotar o combustível. É provável que os homens na cabine de comando tenham sido acometidos por um mal-estar provocado pela altitude chamado hipóxia, privando-os da capacidade de pensar com clareza e aterrissar em segurança. Muitos elementos na sequência bizarra de acontecimentos daquela noite podem ser explicados pela hipóxia, porque casos anteriores demonstraram a rapidez com que as vítimas desse problema podem cair em um estado de torpor.

Assim que um avião cai, as pessoas começam a especular sobre as causas. Horace Brock, que se tornou piloto da Pan Am pouco após o desaparecimento do *Hawaii Clipper*, registrou em seu livro, *Flying the Oceans*: "O público não admite um mistério. Todo mundo sempre sente que há alguma conspiração. Ninguém acredita em coincidências, nem mesmo em tragédias previsíveis".

Existe uma abundância de teorias alternativas em muitos acidentes famosos, incluindo o desaparecimento de Amelia Earhart em 1937, a morte do secretário-geral das Nações Unidas Dag Hammarskjöld na Rodésia do Norte* em 1961 e a explosão em 1996 do voo 800 da TWA perto do litoral de Nova York.

Pode ser bom questionar a versão oficial dos acontecimentos. O desaparecimento de um DC-10 da Air New Zealand em um voo turístico sobre o monte Érebo, na Antártida, em 1979, foi atribuído inicialmente a um erro do piloto.

---

* Hoje Zâmbia.

Foi só quando pessoas de fora da investigação apresentaram suas próprias provas que um inquérito especial revelou o que chamou de "uma ladainha cheia de mentiras" por parte de uma companhia aérea e um governo que estavam tentando esconder a própria culpa. Vamos voltar a esse acidente mais tarde.

A tradição de dúvidas acerca da aviação vem desde os primeiros voos bem-sucedidos de Orville e Wilbur Wright, que inspiraram um editorialista, três anos depois, a dizer sobre os irmãos: "Na realidade, eles são ou voadores ou mentirosos. É difícil voar. É fácil falar: 'Voamos'".

Se o ceticismo era um rato faminto nos primeiros dias da aviação, ele se tornou um leão furioso agora que qualquer pessoa com acesso à internet pode encontrar informações e conferir as provas. Solicitados ou não, analistas independentes e investigadores informais estão contribuindo para o debate em noticiários, blogs e diversos sites colaborativos. Pela primeira vez na história, a tecnologia está ligando hiperespecialistas a nerds, céticos e defensores. Hoje podemos destrinchar e analisar informações de formas outrora impossíveis, e essa aglutinação do poder cerebral do mundo, incrementada pela internet, certamente continuará crescendo.

Este livro, em que traço hipóteses sobre o MH-370 e outros desastres que espantaram o mundo, faz parte dessa evolução.

Introdução à edição brasileira

Christine Negroni, 15 de janeiro de 2017

Pouco tempo depois da surpreendente eleição de Donald Trump à presidência dos Estados Unidos, eu me reuni com alguns executivos americanos de segurança aérea e perguntei: "Que impacto você imagina que o governo Trump vai causar?".

Um deles respondeu que "segurança não é política".

Essa talvez seja sua maior esperança, mas certamente ele sabia que isso não era verdade. Não é e nunca foi.

Em qualquer decisão em que a regulamentação governamental encontra o comércio, existem considerações políticas. A ocasião mais recente em que isso ficou claro foi em 28 de novembro de 2016, quando o voo 2933 da La-Mia caiu após ficar sem combustível a menos de vinte quilômetros da pista de pouso de Medellín, na Colômbia. O time de futebol Chapecoense, incluindo a comissão técnica, funcionários e jornalistas, estava a caminho da final da Copa Sul-Americana. Morreram 71 pessoas.

A decisão de operar o British Aerospace 146 em uma viagem de quatro horas e meia de Santa Cruz de la Sierra, na Bolívia, a Medellín significava que os pilotos precisariam fazer uma parada no caminho para reabastecer, porque o avião de 115 lugares para voos regionais não tinha autonomia para um trajeto tão longo.

Não se sabe por que os pilotos não fizeram essa parada. O plano de voo sugere que eles não pretendiam reabastecer no caminho.

Não foi a primeira vez que pilotos do pequeno avião fretado se arriscaram na esperança de que tudo desse certo. Segundo o jornal *O Estado de S. Paulo*, outros quatro voos da LaMia foram realizados no limite da capacidade de combustível do avião. No caso do voo 2933, investigadores colombianos já descobriram outros elementos preocupantes: o avião estava pesado demais e voando em altitudes para as quais não estava certificado.

Quem viaja de avião já se acostumou a obedecer a regras criadas para garantir a segurança do voo. Então, tanto no Brasil quanto em outros países, o público ficou incrédulo diante da notícia de que uma companhia aérea operaria com tanta imprudência. A pergunta que todos queriam fazer era: "Por que o governo não fiscalizava aquela companhia boliviana?".

Veio à tona a informação de que os donos da empresa talvez tivessem agido em cumplicidade com as autoridades de aviação para contornar a regulamentação e priorizar interesses comerciais acima da segurança.

Isso era perceptível até no nível mais básico. O comandante do voo 2933, Miguel Quiroga, de 36 anos, era um dos donos da companhia aérea. Embora isso não seja incomum em empresas pequenas, aumenta o risco de que pressões financeiras e operacionais exerçam influência indevida nas decisões do comandante.

Em um patamar superior da hierarquia estava o diretor executivo da LaMia, Gustavo Vargas Gamboa. Ele tinha ligações com o governo boliviano. Segundo a Associated Press, certa vez ele voara para o presidente Evo Morales e, na época do acidente, seu filho, Gustavo Vargas Villegas, trabalhava para o órgão do governo responsável pelo licenciamento de aeronaves.

De acordo com a legislação boliviana, o Vargas filho deveria se abster de qualquer decisão do governo relativa à LaMia em função da participação do pai na empresa, mas não foi o que aconteceu. Aparentemente, o relacionamento entre o governo e a empresa se sobrepôs ao interesse público, resultando na catástrofe.

Esse tipo de detalhe costuma se revelar durante a fase de escrutínio público após um desastre. É possível, porém, ocultar influências políticas. Neste livro, você vai ler sobre vários acidentes em que a investigação foi conduzida de forma tão inadequada que foi impossível saber de fato o que aconteceu.

Preste atenção ao caso do voo 980 da Eastern Airlines, que bateu em uma montanha na Bolívia em 1985. Apesar dos esforços, investigadores tanto dos Estados Unidos quanto da Bolívia não conseguiram determinar a causa. O gravador de dados da cabine de comando só foi recuperado em 2016, quando dois cidadãos americanos escalaram o monte Illimani por conta própria. Os amadores encontraram a caixa-preta e outros destroços, além de restos mortais. Isso reavivou o interesse pelo acidente, após mais de três décadas.

Para você não achar que estou perseguindo a Bolívia, órgãos da Nova Zelândia, do Canadá, da França, da Rússia, dos Estados Unidos e de outros países também foram criticados por investigações malfeitas de acidentes.

Apesar desses casos, a cada dia mais de 100 mil voos decolam e pousam em segurança no mundo inteiro. Isso se deve a um esforço concentrado para aprender com acidentes aéreos, o que leva a melhorias que fazem com que máquinas, seres humanos e os sistemas que eles operam sejam mais resilientes.

Segurança em aviação é como um iceberg. Um acidente é a manifestação visível de um risco, mas logo abaixo da superfície se esconde algo muito maior: a influência da indústria de aviação, de 2,7 trilhões de dólares, na elaboração de regulamentos que regem o dia a dia da aviação comercial.

A campanha dessa indústria tenta proteger seus interesses comerciais, seja no caso de uma empresa pequena de voos fretados como a LaMia, seja com as grandes companhias aéreas ou os fabricantes de aviões. Esse tipo de política nunca desaparece.

Líderes vêm e vão no governo, mas essa realidade política permanece.

Parte um

Mistério

Tenho respostas aproximadas, crenças possíveis e graus diferentes de incerteza sobre coisas diferentes.
RICHARD FEYNMAN, NOBEL DE FÍSICA

O Clipper

Na última parte da viagem até o outro lado do mundo, o comandante Leo Terletsky, da Pan American Airways, começou a ficar preocupado. E, quando o comandante Terletsky ficava preocupado, todo mundo na cabine também ficava. "A ansiedade o fazia gritar com os copilotos, dar ordens e revogá-las imediatamente. Ele contaminava a tripulação com a própria ansiedade", escreveu Horace Brock, que voou algumas vezes com Terletsky e não gostou muito.

Ao meio-dia de 29 de julho de 1938, havia muitos motivos para preocupação. Após passar 56 horas dos últimos cinco dias pilotando o avião de passageiros da Pan Am de San Francisco até o Extremo Oriente, Terletsky e seus nove tripulantes estavam em meio a um tempo fechado quando o hidroavião Martin 130 se aproximou do arquipélago das Filipinas.

O avião estava "imprensado entre duas camadas de nuvens", explicou Pete Frey, comandante de uma grande companhia aérea americana e investigador de segurança para o sindicato de pilotos, que avaliou para mim os relatórios meteorológicos enviados pela tripulação naquela terrível manhã de verão. As nuvens estratos-cúmulos que Terletsky encontrou costumavam surgir no começo ou no fim de fortes intempéries, incluindo chuva e turbulência. Terletsky estava enfrentando ambas ao tentar passar o avião quadrimotor por entre as massas de nuvens acima e abaixo, voando a uma altitude de 9100 pés (2700 metros), a 943 quilômetros ao leste de Manila. Como relatou Frey, os solavancos não eram o maior problema da tripulação.

"Eles passam metade do tempo dentro das nuvens, voando por instrumentos. Por isso, seria impossível navegar com base em observação de marcos no solo. Também seria impossível se orientar pelo Sol ou por qualquer outro objeto celeste."

"Eles estão voando por navegação estimada", disse Frey. Essa modalidade de navegação é a mais básica de todas: em essência, é um cálculo matemático que leva em conta clima, vento, tempo, velocidade e direção. "Você faz uma estimativa de correção do vento e se limita a manter uma direção e um curso por um período determinado. No fim, você torce para estar onde pretendia", explicou Frey. No entanto, considerando que ninguém conseguia enxergar o solo abaixo, a tripulação não teria muitas informações com que estabelecer a posição; ou seja, como Frey disse ao imaginar um voo nessas circunstâncias, "você se perdeu".

Por volta de meio-dia no horário local, o operador de rádio William McCarty, de 33 anos, estava sentado em sua estação, atrás do copiloto, tocando as teclas da máquina de código Morse. Estava enviando uma mensagem para a estação de solo da Pan Am na ilha filipina de Panay. Mesmo se a tripulação não tivesse certeza de onde estava, a equipe de solo da Pan Am tentaria usar localização por ondas de rádio para determinar a posição da aeronave. Eles também poderiam informar a tripulação sobre o clima mais adiante.

McCarty relatou o clima e os ventos, a temperatura e a posição estimada, além da velocidade. Seria possível transmitir código Morse, mesmo se o sinal de rádio do avião não tivesse potência para transmitir voz. McCarty acabou uns dez minutos depois, e Edouard Fernandez, o operador em Panay, queria repassar as informações sobre o clima para a tripulação. "Aguarde um minuto para enviar, porque estou tendo problemas com estática causada pela chuva", pediu McCarty. Quando Fernandez tentou entrar em contato novamente com o Clipper, não houve resposta.

Desde então, ninguém voltou a ter notícias do *Hawaii Clipper*. Nenhum pedaço do avião nem restos mortais, nada de bagagem ou carga, nenhum sinal de combustível ou óleo da aeronave. Assim como aconteceu com o voo 370 da Malaysia Airlines, 76 anos mais tarde, os investigadores só teriam acesso às evidências ainda em solo. Poderiam examinar os documentos de manutenção e os registros operacionais do avião, bem como avaliar o desempenho e o treinamento da tripulação, junto com as informações enviadas por McCarty durante o voo, mas isso talvez não bastasse para determinar de forma conclusiva o que aconteceu. Podia ser esclarecedor; podia ser intrigante. Acabou sendo ambos.

Ar rarefeito

Ninguém sabe ao certo o que aconteceu a bordo do voo 370 da Malaysia Airlines. O cenário que estou prestes a descrever se baseia em um conjunto de circunstâncias apresentado por investigadores malaios e australianos e por outras fontes que reuniram e analisaram as informações conhecidas. Para tanto, apliquei a navalha de Occam, o princípio que sugere que, se houver muitas explicações possíveis para algo, a mais simples é a mais provável.

Pouco após a meia-noite de 8 de março de 2014, e pelo visto sem aviso, o que até então havia sido um voo perfeitamente normal se tornou uma série ilógica de acontecimentos. Esse panorama estranho já havia acontecido antes, com pilotos afligidos pelo mal-estar característico de grandes altitudes conhecido como hipóxia.

A dificuldade de aspirar oxigênio suficiente para manter um pensamento racional acontece quando o avião sofre despressurização, e esse quadro pode ocorrer por diversos motivos. Pode ser desencadeado por algum problema elétrico ou mecânico. Às vezes, pilotos erram no processo de pressurização no começo do voo, mas, mesmo se a pressurização estiver funcionando devidamente, é impossível manter a pressão dentro da aeronave se houver um buraco na fuselagem ou se frestas nas portas, janelas ou ralos da cozinha e dos banheiros deixarem escapar o ar mais denso.

Se os pilotos do voo 370 da Malaysia Airlines tivessem sofrido privação de oxigênio porque algo fez o avião se despressurizar, eles teriam se comportado de forma irracional, talvez transformando um problema moderado em uma catástrofe. Os passageiros e a tripulação teriam perdido a capacidade de pensar com clareza e agir.

Na época do desastre do MH-370, cerca de 8 milhões de pessoas embarcavam em aviões todos os dias no mundo inteiro. Poucos viajantes pensavam (ou pensam) que, fora daquelas paredes de alumínio, o ar é rarefeito demais para permitir qualquer raciocínio coerente por mais do que alguns segundos. A própria vida se acaba em questão de minutos. Embora o percentual de oxigênio no ar (21%) seja igual ao da superfície, o volume de ar se expande em altitudes maiores. Contamos com a densidade do ar para que haja pressão suficiente e o oxigênio entre em nosso corpo. A quilômetros de altitude e sem essa pressão, o oxigênio sairá de nossos pulmões como se escapasse de balões de gás.

O que nos mantém vivos e, geralmente, em sã consciência durante as viagens aéreas é um processo relativamente simples que bombeia ar para dentro do avião durante a subida, como um pneu de bicicleta sendo enchido. O ar sai dos motores e é distribuído por uma série de tubulações que vai de uma ponta a outra do avião. Na maioria das aeronaves, a pressão dentro da cabine é ajustada para simular a mesma densidade do ar a 2500 metros de altitude. Portanto, para o seu corpo, voar parece o mesmo que estar em Aspen, no Colorado, ou em Adis Abeba, na Etiópia.

Na hora do pouso, as válvulas que se fecharam durante a decolagem para preservar a densidade do ar na cabine começam a se abrir, permitindo que o ar escape aos poucos até a pressão no interior da aeronave se igualar à do exterior, ou, em geral, cerca de sessenta metros acima do nível da pista. Dá para saber que esse processo está acontecendo quando, vinte a trinta minutos antes do pouso, os ouvidos começam a estalar. Se a pressão adicional não for liberada, a porta do avião talvez exploda para fora. Isso chegou a acontecer em 2000, quando um Airbus A300 da American Airlines fez um pouso de emergência no aeroporto internacional de Miami. Mantas de isolamento obstruíram as válvulas de saída, então a pressão diferencial dentro da cabine ainda estava alta depois da aterrissagem. Não se sabe se os comissários de bordo se deram conta do fato, porque estavam enfrentando outros problemas. Um alarme de fumaça tinha disparado, e eles temiam a possibilidade de um incêndio. Então, tentaram evacuar o avião, mas as portas não cediam. Finalmente, o comissário sênior José Chiu, de 34 anos, empurrou com mais força, e a porta estourou para fora. Chiu foi arremessado do avião e morreu.

Na maioria dos voos, o sistema automático funciona corretamente. Ainda assim, de acordo com um estudo da Aviation Medical Society [Sociedade de Medicina de Aviação] da Austrália e da Nova Zelândia, pelo menos quarenta ou cinquenta vezes por ano um avião em alguma parte do mundo passa por uma descompressão súbita. James Stabile Jr., cuja empresa, a Aeronautical Data Systems, fornece tecnologias relacionadas a oxigênio, disse que, se a estatística incluir as despressurizações lentas, o índice é maior ainda. E, como nem todos os casos precisam ser notificados aos reguladores, o problema é "muito mal documentado".

Há um grande risco de morte quando os aviões não se pressurizam após a decolagem ou perdem altitude de cabine durante o voo. Mas não vemos um número maior de tragédias porque os pilotos são treinados para saber o que fazer. Em primeiro lugar, eles colocam as máscaras de oxigênio de emergência. Depois, conferem se o sistema está ligado. Existem muitos casos de pilotos que deixaram de ativar a altitude de cabine durante a decolagem, o que, do meu ponto de vista, se compara a, horas depois de ter colocado a roupa para lavar, você encontrá-la ainda suja dentro da máquina porque se esqueceu de ligá-la.

Se a pressurização foi ativada corretamente e ainda assim não funciona, no mesmo instante os pilotos começam uma descida rápida até uma altitude em que não seja necessário o suplemento de oxigênio. Quando os pilotos não seguem esses passos, a situação foge do controle muito rápido.

É claro que os pilotos não ignoram os protocolos de propósito. Em geral, isso acontece porque o processo de raciocínio deles já foi prejudicado pela privação de oxigênio. Às vezes, o efeito é incompreensível; já houve casos de pilotos que, ao ouvirem um alerta de que a altitude de cabine estava acima de 12 mil pés (3600 metros), cometeram o erro de *abrir as válvulas de saída*, despressurizando completamente a cabine e agravando o problema.

Em um voo da American Trans Air de 1996, após uma sequência espantosa de acontecimentos, um Boeing 727 escapou por um fio de uma catástrofe. O milagre é que, apesar da loucura na cabine de comando, o avião aterrissou em segurança.

O voo 406 da ATA saiu do aeroporto Midway, em Chicago, com destino a St. Petersburg, na Flórida. A 33 mil pés (10 mil metros) de altitude, um alarme começou a soar porque a altitude de cabine estava indicando 14 mil pés (4300 metros). O copiloto Kerry Green estava no controle. Ele colocou a máscara de oxigênio de emergência imediatamente. Tentando primeiro diagnosticar o problema, o comandante Millard Doyle preferiu não colocar a máscara. Ordenou que o engenheiro de voo Timothy Feiring, que estava sentado atrás dele à direita, desligasse o alarme. Certamente já sob o efeito da altitude que aumentava sem parar, Feiring não conseguiu achar o botão do alarme, e mais tempo se passou.

Olhando pela cabine, o comandante evidentemente achou que tinha descoberto a origem do problema ao notar que o botão do sistema de ar--condicionado estava desligado, e apontou o fato para Feiring. Depois, ele se virou para a comissária de bordo que estava dentro da cabine de comando e perguntou se as máscaras de oxigênio dos passageiros tinham caído.

Ela respondeu que sim e, logo em seguida, caiu em frente à porta. Foi quando o comandante Doyle pegou a própria máscara, mas já era tarde demais. Desorientado e sem coordenação, ele não conseguiu prendê-la na cabeça e acabou desmaiando também.

Das quatro pessoas ali dentro, duas estavam incapacitadas, e Feiring não conseguia pensar com clareza. Por engano, ele abriu uma válvula de saída, provocando uma súbita descompressão total do avião. Então fixou sua máscara e se levantou para ajudar a comissária de bordo inconsciente, colocando a máscara do observador aéreo no rosto dela, mas deslocando a própria máscara no processo. Ele desmaiou, caindo por cima do painel central entre os assentos dos pilotos.

Conforme isso tudo acontecia, o copiloto Green, com a máscara no rosto, estava reduzindo a altitude do avião ao ritmo de cerca de 4 a 5 mil pés (1200 a 1500 metros) por minuto.

Na cabine de passageiros, a tripulação não recebera instrução alguma do comandante, mas a comissária de bordo que fica na frente do avião gesticulou com sua máscara para demonstrar o que os passageiros precisavam fazer. Alguns seguiram o exemplo; outros, não. Enquanto isso, segundo os comissários de bordo, o avião estava se inclinando para cima e para baixo e balançando para os dois lados, e houve um comunicado curto e incompreensível da cabine de comando.

O passageiro Stephen Murphy, de San Diego, achou que fosse morrer e se lembra de ter se sentido em paz ao fazer suas orações. E, então, a mulher no assento atrás dele teve uma crise convulsiva, e o homem do outro lado do corredor começou a agarrar as próprias orelhas.

"O que me incomodou foi não poder fazer nada por ele. Não é como a gente vê na televisão; as pessoas não saem pela cabine com tanques de oxigênio para ajudar as outras", explicou Murphy, anos mais tarde. "Gosto de pensar que, se eu estivesse em pleno domínio da minha consciência, poderia ter ajudado alguém. Mas, com base no que estava acontecendo, não ajudei. Eu sabia que não conseguiria."

Na cabine de comando, Green tremia, um sintoma comum da hipóxia. Havia algum problema com o microfone de sua máscara, e ele teve que arrancar a vedação do rosto para conseguir entrar em contato com o controle de tráfego aéreo.

A máscara de oxigênio que Feiring colocara no rosto da comissária de bordo a reanimou. Ela, então, se levantou para retribuir o favor, recolocando a máscara que havia se desalojado do rosto quando ele se afastou do painel do engenheiro de voo. Ela também pôs uma máscara no rosto do comandante Doyle. Em pouco tempo, os dois retomaram a consciência. O voo 406 da American Trans Air aterrissou em segurança em Indianápolis, mas o episódio podia ter acabado em catástrofe.

Essa história, ao mesmo tempo assustadora e absurda, deixa evidente que saber o que fazer não significa que os pilotos vão fazer de fato se a capacidade de raciocínio deles tiver começado a se deteriorar.

Nove anos após o voo 406 da American Trans Air, em 14 de agosto de 2005, um Boeing 737 decolou de Chipre com destino a Atenas, mas nunca chegou lá. O voo 522 da Helios ficou sem combustível e caiu em uma montanha ao sul do aeroporto depois de permanecer no piloto automático por mais de duas horas — muito tempo após os pilotos e praticamente todo mundo a bordo mergulhar em um estado profundo e prolongado de inconsciência. As pessoas haviam sido privadas de oxigênio, provavelmente porque os pilotos não pressurizaram a aeronave corretamente após a decolagem. Antes que se dessem conta do que estava errado, os pilotos já estavam com hipóxia.

O desastre com o voo 522 da Helios começou cerca de cinco minutos e meio após a decolagem, quando o avião subiu 12 mil pés (3600 metros). Um alarme avisou os pilotos de que a altitude de cabine havia passado de dez mil pés (3 mil metros). Menos de dois minutos depois, as máscaras de oxigênio dos passageiros caíram, mas o comandante Hans-Jürgen Merten e o copiloto Pambos Charalambous não colocaram as máscaras deles, ocupados em primeiro tentar descobrir qual era o problema: um caso clássico de falta de discernimento devido à hipóxia.

Por quase oito minutos, o comandante Merten, um piloto que tinha 5 mil horas de voo com o 737, se comunicou com o centro de operações da Helios em Chipre em um diálogo que parecia cada vez mais confuso para a equipe em terra. Uma coisa era certa. O alarme de *altitude* não fez os pilotos prestarem atenção na altitude de cabine, e o motivo foi o seguinte: o apito insistente do alarme também é usado na pista, quando o avião está configurado incorretamente para a decolagem. Nessa parte do voo, o mesmo alarme é chamado alerta de configuração de decolagem. Casos como esse, de um mesmo alarme para duas situações, dependem da capacidade dos pilotos de discernir a que problema o alarme se refere.

No solo, parece simples. O alerta de configuração de decolagem só vai apitar antes da decolagem. No entanto, a distinção não fica tão óbvia quando o piloto já está perdendo a capacidade de raciocinar. E sabemos disso porque, quando tocou o alarme do voo 522 da Helios, Merten disse ao centro de controle da companhia aérea que o alerta de configuração de decolagem estava apitando. Ele não associou o alarme à altitude de cabine. Esse erro já foi cometido em vários outros voos de passageiros no mundo inteiro, incluindo dez casos ao longo de dez anos documentados nos arquivos do Aviation Safety Reporting System [Sistema de Registro de Segurança em Aviação] da Nasa, ou ASARS.

Foi "a simplicidade do erro" que chocou Bob Benzon, um investigador de acidentes que trabalhava para o National Transportation Safety Board [Conselho Nacional de Segurança nos Transportes] na época e estava ajudando os gregos no acidente da Helios. "Foram 121 pessoas mortas em um avião moderno por causa de um erro simples. A questão foi essa", disse ele.

Seis anos antes, Benzon fora designado para investigar um acidente semelhante, com um jatinho particular e um atleta americano famoso. Payne Stewart era um dos golfistas mais renomados do circuito profissional, adorado pela coleção esquisita de boinas e bermudões que usava nos torneios. Ele sofreu de hipóxia em 25 de outubro de 1999, no início de um voo de quatro horas da Flórida ao Texas.

Pouco após a decolagem, em Orlando, a copiloto Stephanie Bellegarrigue parou de responder aos chamados do controle de tráfego aéreo. Ela parecia bem no último contato pelo rádio, mas o avião não fez uma curva prevista, e ninguém em terra conseguiu despertar a tripulação quando o avião passou de 32 mil pés (9700 metros).

"Em algum ponto a oeste de Ocala, a tripulação ficou incapacitada. Talvez eles não estivessem mortos, mas não conseguiam responder ao rádio", contou-me Benzon. A investigação nunca descobriu quando ou por que o avião perdeu pressão na cabine.

A aeronave seguiu em linha reta até ficar sem combustível e cair em um campo na Dakota do Sul. Do escritório em Washington, D.C., Benzon acompanhou pela televisão a cobertura ao vivo do voo descontrolado. Tinha cinquenta anos na época e já havia trabalhado em quase duzentos acidentes aéreos, mas nunca vira um se desdobrar bem na sua frente.

Nos meses posteriores ao acidente da Helios, autoridades em aviação de vários países compartilharam experiências com os investigadores. Apenas oito meses antes do acidente da Helios, a Nasa havia encaminhado um boletim especial para a Boeing e a FAA [Federal Aviation Administration], preocupada com a informação de que diversas tripulações haviam ficado confusas, segundo relato das próprias, com a função dupla do alarme de pressurização. Antes disso ainda, em 2001, houvera um caso na Noruega em que os pilotos ignoraram o alarme e continuaram subindo. O Conselho de Investigação de Acidentes Aéreos norueguês enviou uma recomendação de segurança para a Boeing também em 2004, pedindo que a fabricante substituísse o alarme de função dupla.

Conforme o voo 522 da Helios ganhava altitude em terras cipriotas, o raciocínio do comandante Merten fraquejou, e seu cérebro começou a se apagar. Ele desmaiou na última posição, enquanto conferia um painel atrás de seu assento. O copiloto Charalambous perdeu a consciência em cima do manche da aeronave.

Tomando a experiência dos sobreviventes do voo 406 da American Trans Air como referência, podemos presumir que os passageiros no 737 da Helios ficaram inquietos quando as máscaras caíram, aguardando informações da cabine de comando. Mas essa inquietação não duraria mais do que um período de doze a quinze minutos, porque essas máscaras fornecem uma quantidade limitada de oxigênio. Depois disso, os passageiros desmaiariam. É por isso que os pilotos precisam descer rapidamente até uma altitude menor, mas os pilotos do voo 522 da Helios estavam inconscientes e sem chances de recuperação. Não havia ninguém para iniciar uma descida, e o avião seguiu viagem, rumo ao noroeste, passando pelo sul da Turquia e muito acima das ilhas gregas.

Os comissários de bordo tinham tanques de oxigênio de emergência e máscaras de oxigênio portáteis. Cada um com mais de uma hora de oxigênio, então provavelmente eles ficaram conscientes por mais tempo do que os passageiros. Andreas Prodromou, de 25 anos, era um comissário que, por acaso, também era piloto privado. Ele talvez tenha esperado notícias da cabine de comando, mas, em algum momento, saiu de seu assento na cozinha dos fundos e tentou fazer alguma coisa.

O que sabemos dessa hora em diante foi obtido a partir de duas fontes: gravações dentro da cabine de comando que registraram a chegada de Prodromou e observações de dois pilotos de caça gregos. Eles haviam sido enviados para ver o que estava acontecendo com o avião que tinha invadido o espaço aéreo da Grécia em silêncio e sem notificar os controladores.

Havia dois F-16 da Força Aérea voando de cada lado do avião. Fazia apenas quatro anos que terroristas tinham lançado aviões comerciais em edifícios importantes de Nova York e Washington, D.C., e os pilotos da Força Aérea grega esperavam encontrar algo parecido. Em vez disso, viram o copiloto inconsciente no assento à direita. Um dos homens da Força Aérea viu Prodromou entrar na cabine de comando. Isso significa que o comissário esperou mais de duas horas após a despressurização.

Ele provavelmente imaginou que a tripulação estava incapacitada, mas encontrar o assento do comandante vazio e o copiloto inerte em cima dos controles deve ter sido uma experiência assustadora. O comandante Merten estava em cima do painel central, parcialmente caído no chão. Talvez Prodromou tenha precisado passar por cima dele para chegar ao assento da esquerda, onde ele tirou a máscara de oxigênio guardada em seu compartimento e a colocou. A retirada da máscara ativa o fluxo de oxigênio por um cordão largo que também contrai as tiras no rosto. Isso faz com que a máscara fique presa firmemente à cabeça.

Prodromou pôs a máscara enquanto os últimos resquícios de combustível do motor esquerdo entravam na câmara de combustão. Em alguns instantes, o motor pararia de funcionar.

Bank angle, Bank angle [ângulo de inclinação]. Uma voz computadorizada alertou para o fato de que a asa esquerda da aeronave estava perdendo sustentação. O Boeing 737 é capaz de voar com um só motor, mas as superfícies de controle precisam ser ajustadas para que haja uma compensação.

Prodromou procurou por algo que lhe fosse familiar no painel de controle — algo naquela aeronave complicada que lembrasse os aviões pequenos que ele havia aprendido a pilotar. E então o manche à sua frente começou a vibrar. O alarme de estol é tão escandaloso quanto urgente, um sistema multissensorial chamativo que alerta quando o avião está prestes a perder sustentação. Durante dois minutos e meio, Prodromou olhou para o painel de instrumentos enquanto o avião ganhava velocidade na descida. O som do ar rápido se misturou à cacofonia de alarmes. Finalmente, perdidas as esperanças, ele pediu ajuda em uma voz fraca e amedrontada.

"*Mayday, mayday*, voo 522 da Helios para Atenas..."

E, 48 segundos depois:

"*Mayday.*"

"*Mayday.*"

Traffic, traffic [tráfego]. Ele só ouviu a voz automática do 737.

O rádio não estava ajustado na frequência certa para transmitir a mensagem. O pedido de socorro de Prodromou só seria ouvido após o acidente, durante o exame do gravador de voz da cabine.

Conforme o avião se aproximava do solo e a pressão ambiente do ar aumentava, o alarme de altitude de cabine se apagou e uma das fontes de ruído no caos da cabine se calou. Foi quando Prodromou percebeu a escolta de caças. Anos depois, um dos pilotos disse que gesticulou para que Prodromou o seguisse até uma pista de pouso militar perto dali. Ao ver o gesto, o jovem comissário de bordo também levantou a mão e, com um ar esgotado de resignação, apontou para baixo. Mesmo se conseguisse dar um jeito de seguir o F-16, era tarde demais. O motor direito estava parando. A aeronave estava a 7 mil pés (2100 metros) de altitude e tinha apenas três minutos e meio para começar a cair. O avião do voo 522 da Helios caiu em um campo perto do aeroporto internacional de Atenas, não muito longe do destino para o qual fora programado, matando todo mundo que estava a bordo nessa viagem terrível.

Quando a atuação de Prodromou no caso foi noticiada em Chipre, muitas pessoas se perguntaram: e se o jovem tivesse entrado na cabine de comando mais cedo? Muitos fatores poderiam ter alterado o curso do voo 522. Mas, no fundo, o que tirou a vida de Prodromou e de todos os outros foi uma verdade simples. "Uma parte inerente da aviação é a exposição à altitude", disse Robert Garner, fisiologista de voo e diretor de uma câmara de treinamento em altitude no Arizona, "e o risco de hipóxia está sempre presente."

Emergência

Nos primeiros dias do mistério do voo 370 da Malaysia Airlines, pensei nesses episódios. Afinal, era um voo comum — sob o comando de um piloto experiente e de boa reputação — que, de repente, se tornou estranho.

O Boeing 777 decolou do aeroporto internacional de Kuala Lumpur em 8 de março de 2014, em um voo noturno rumo a Beijing. Havia 227 passageiros e doze tripulantes a bordo. O avião estava a cargo do comandante Zaharie Ahmad Shah, funcionário da empresa havia 33 anos. Ele tinha 18 mil horas de voo. Para servir de referência, eram apenas 1500 horas a menos do que Chesley Sullenberger tinha em seu diário de voo quando ele conseguiu pousar um avião em pane da US Airways no rio Hudson, em Nova York, e Zaharie era cinco anos mais novo do que Sully.

Zaharie passou ainda mais tempo não contabilizado em seu simulador de voo caseiro. Ele sentia tanto prazer nessa atividade que fazia vídeos para postar em sua página do Facebook, oferecendo dicas e instruções para outros entusiastas de simuladores. Você talvez pense "Um tanto obcecado?" se eu disser que ele também tinha e pilotava aviões de controle remoto. Para Zaharie, voar nunca era demais.

Em termos profissionais, o copiloto Fariq Abdul Hamid era tudo o que Zaharie não era. Inexperiente no Boeing 777, ele ainda estava em treinamento na grande aeronave, enquanto Zaharie atuava como seu supervisor. Com o voo até Beijing, o jovem piloto alcançaria um total de 39 horas de voo no avião. Fariq pilotava para a Malaysia Airlines havia quatro anos. Entre 2010 e 2012, ele voou como copiloto em Boeing 737s. Foi transferido para o Airbus A330, com o qual voou como copiloto e segundo em comando durante quinze meses até o começo de sua transição para o Boeing 777, um avião maior ainda.

Fazia calor naquela noite sem lua, e estava escuro e nublado quando o avião decolou à 0h41 da madrugada de sábado. Fariq estava cuidando das chamadas no rádio, então podemos concluir que Zaharie pilotava o avião.

O 777 transportava passageiros que viajavam a trabalho, lazer ou estudos. Havia famílias, casais e solteiros de Indonésia, Malásia, China, Austrália, Estados Unidos e mais nove países; uma comunidade global comum em voos internacionais. Como Kuala Lumpur e Beijing ficam no mesmo fuso horário e o voo estava previsto para chegar ao amanhecer, muitos passageiros provavelmente estavam dormindo quando os problemas começaram.

O voo 370 estava seguindo rumo nor-noroeste para Beijing. Vinte minutos após a decolagem, à 1h01, o avião alcançou a altitude assinalada de 35 mil pés (10 700 metros), e Fariq avisou aos controladores.

"Malaysia Três Sete Zero mantendo nível de voo três cinco zero."

Independentemente do que os pilotos estivessem fazendo, o Boeing 777 de doze anos transmitia uma mensagem de status rotineira via satélite com informações sobre a situação do momento. Como o mundo da aviação adora siglas, esse sistema de transmissão de dados se chama ACARS, sigla em inglês para Sistema de Comunicações e Relatório de Aeronaves. As mensagens podem ser enviadas manualmente se os pilotos quiserem solicitar ou mandar informações para a companhia aérea. O sistema também pode ser ativado por alguma condição nova no avião que demande atenção imediata. Tirando essas situações, um relatório automático de status é transmitido a intervalos determinados pela companhia. Na Malaysia Airlines, era a cada meia hora.

Os pilotos podem não saber quando ou com que frequência a aeronave faz essas transmissões programadas, mas eles definitivamente as conhecem. É comum usarem o ACARS tanto para questões sérias quanto para as triviais que acontecem durante o voo, desde informações meteorológicas atualizadas até os últimos resultados de algum esporte. Se um piloto precisar de um pequeno reparo ou de uma cadeira de rodas quando pousar, ele pode enviar uma simples mensagem de texto pelo ACARS.

Zaharie e Fariq não tinham nada a acrescentar ao relatório programado de 1h07, e a mensagem não apontava nada fora do normal. O desempenho dos motores indicava quanto combustível havia sido consumido pelos motores Rolls-Royce Trent 892.

Mais ou menos na hora em que a mensagem de ACARS estava sendo enviada, parece que o controle do voo foi transferido para o copiloto porque o comandante Zaharie passou a fazer as chamadas no rádio. Ele confirmou com o controle de tráfego aéreo que o avião voava em altitude de cruzeiro.

"Ehh... Sete Três Sete Zero* mantendo nível três cinco zero."

Onze minutos depois, conforme o avião se aproximava do fim do espaço aéreo malaio, o controlador transmitiu uma última instrução aos homens no comando do voo 370, informando-lhes a frequência à qual deviam sintonizar o rádio ao entrarem em território vietnamita.

"Malaysia Três Sete Zero, contate Ho Chi Minh um dois zero vírgula nove, boa noite."

"Boa noite, Malaysia", disse Zaharie. Era 1h19. Sua voz estava tranquila, de acordo com um analista de estresse que ouviu a gravação durante a investigação malaia. Não havia nenhum sinal de problema.

Zaharie, de 53 anos, estivera no assento desde cerca das onze da noite, solicitando combustível, registrando dados nos computadores de bordo, ativando sistemas, conferindo as condições meteorológicas do caminho e conversando com os comissários da cabine sobre o voo. Ele também estava observando Fariq, que, após o pouso em Beijing, seria avaliado pela atuação no Boeing 777. Sem dúvida, aquela seria uma missão empolgante para o jovem, como Zaharie certamente imaginava, sendo pai de três filhos mais ou menos da mesma idade de Fariq, que tinha 27 anos.

O avião estava em altitude de cruzeiro, voando por uma rota pré-programada. A essa altura, não havia quase nada de diferente entre aquele Boeing 777 e todos os outros aviões de carreira que Fariq já havia pilotado. Então, no cenário que eu imagino para o Malaysia 370, seria o momento perfeito para Zaharie dizer a Fariq "O avião é seu" e deixar o 777 nas mãos do copiloto para que ele pudesse ir ao banheiro. E foi o que ele fez.

---

* Trata-se de um erro, já que o voo era Três Sete Zero, não Sete Três Sete Zero.

Sozinho na cabine de comando, Fariq deve ter gostado daquele instante. Ele era o único no controle de um dos maiores aviões do mundo, responsável por levar os passageiros a seu destino.

Sete anos antes, Fariq se formara em uma escola técnica em regime de internato localizada a três horas ao norte da casa dos pais em Kuala Lumpur. Ele passou para o programa de formação de pilotos da Malaysia Airlines, no Centro de Treinamento Aeroespacial de Langkawi, no litoral noroeste da península malaia. No centro de treinamento, ele obteria mais do que aulas de voo. Tinha um emprego garantido como piloto da companhia aérea de seu país, que atendia a sessenta destinos por todo o planeta e operava o Airbus A380, o maior avião comercial do mundo.

Seu futuro profissional era muito promissor, assim como sua vida pessoal. Durante o período de treinamento, ele conheceu Nadira Ramli e se apaixonou por ela. Ramli se tornou copiloto na AirAsia, uma companhia aérea de baixo custo com sede em Kuala Lumpur. Um ano mais nova que Fariq, era tão encantadora que foi escolhida pela AirAsia para representar a empresa em uma campanha de relações públicas e marketing que incluía uma turnê pela China em 2012. Fariq e Ramli estavam com casamento marcado para março de 2014.

Enquanto Zaharie estivesse fora da cabine de comando, seria trabalho de Fariq sintonizar o rádio na frequência do controle de tráfego aéreo de Ho Chi Minh. Quando tivesse estabelecido contato, ele mudaria o código de quatro dígitos do transponder usado na Malásia para um usado em trânsito pelo espaço aéreo do Vietnã. Mas, em vez de fazer a troca, o transponder parou de transmitir de vez. A questão é por que isso aconteceu.

O transponder é essencial para aviões, pois associa altitude, direção, velocidade e, principalmente, identidade ao que, de outra maneira, seria apenas um pontinho verde anônimo na tela de controle de tráfego aéreo. O transponder fornece o que é conhecido como retorno secundário: uma resposta carregada de dados para um questionamento do radar. Os controladores precisam do transponder para evitar colisões nos céus cada vez mais congestionados. As linhas aéreas fazem uso dele para acompanhar o progresso dos voos. Os pilotos dependem dele para ser alertados a tempo caso outro avião apareça na mesma trajetória de voo.

Um giro à esquerda — para o modo de "espera" — do controle no canto inferior direito do dispositivo, na prática, desativa o transponder. Isso interrompe o envio das informações de identificação e elimina a capacidade do avião de ser captado pelos sistemas anticolisão de outras aeronaves. O modo de espera geralmente é usado quando os aviões estão taxiando no aeroporto, para que todas as aeronaves não ativem o sistema anticolisão. Para todos os efeitos, o modo de espera é o mesmo que "desligado".

Contudo, durante o voo, os pilotos não têm motivo para desligar o transponder, embora tenha havido casos em que o aparelho parou de transmitir por motivos desconhecidos. Em um espantoso voo de 2006, a falta de radar secundário contribuiu para uma colisão catastrófica. Um jato particular Embraer Legacy saiu de Manaus para ser entregue em Nova York. Enquanto voava por uma região afastada acima da floresta, atingiu um Boeing 737 da Gol Linhas Aéreas que voava na mesma altitude em sentido contrário. Os pilotos do Legacy disseram que não desligaram o transponder de propósito, mas o dispositivo estava em modo de espera, então, quando eles voaram rumo oeste a 37 mil pés (11 800 metros), uma altitude normalmente reservada para voos em rumo leste,[*] o avião estava invisível para o sistema anticolisão da Gol. Esses sistemas só emitem um alerta se os dois aviões estiverem com o transponder ativado.

A *winglet* (ponta da asa) do jatinho rasgou a asa esquerda do 737, e o avião de carreira caiu na floresta, matando todas as 154 pessoas a bordo. O jatinho fez um pouso de emergência, e ninguém a bordo se feriu. Ao serem interrogados, os pilotos do Legacy não souberam explicar o que havia acontecido.

No lado do comandante do avião da Embraer, os botões do transponder Honeywell estão localizados embaixo de uma barra que também é usada como apoio de pé para o piloto. Os investigadores desconfiavam que o comandante talvez tivesse esbarrado no botão, girando-o para o modo de espera. Outra teoria sugeria também que a tela do laptop que os dois pilotos estavam usando talvez pudesse ter virado o botão para o modo de espera. Menos de um ano antes, a Honeywell descobrira uma falha no software de mais de 1300 dispositivos que podia fazê-los entrar em modo de espera se os pilotos não digitassem o código do transponder em menos de cinco segundos. Então havia várias teorias sobre o que teria acontecido. Porém, no fim das contas, as autoridades brasileiras concluíram que o problema de software não afetou o

---

[*] Em geral e considerando o número do milhar em pés, voos rumo leste ocupam altitudes ímpares, e voos rumo oeste usam altitudes pares.

Legacy envolvido na colisão, e o que aconteceu nesse caso continuou sendo um mistério.

No entanto, nos Estados Unidos, o acidente ocorrido no Brasil levou as autoridades em segurança a uma conclusão inequívoca: algo precisava mudar. A FAA publicou uma determinação em 2010 de que, em aviões novos, o alerta de transponder desativado precisava ser mais óbvio para os pilotos. Aviões produzidos antes da determinação, incluindo o 9M-MRO, o registro da aeronave que voava sob a identificação Malaysia 370, não seriam afetados.

Zaharie saiu da cabine de comando para o que, em termos delicados, podemos denominar de "chamado da natureza". Talvez ele tenha feito uma parada na cozinha para pegar um café ou algo para comer. É um voo longo em altitude de cruzeiro, então não havia pressa para voltar à cabine. As tarefas que o copiloto Fariq tinha que resolver eram de rotina. Moleza, como dizem.

Fariq sabia que precisava obter o código do transponder de Ho Chi Minh — mas, primeiro, ele precisava sintonizar o rádio na frequência certa. Acredito que tenha sido mais ou menos nesse momento que aconteceu uma descompressão súbita dentro ou perto da cabine de comando. A descompressão teria produzido um estrondo repentino, como o som de palmas ou de uma garrafa de champanhe estourando, só que muito, muito mais alto e agudo. Em seguida, haveria uma lufada de ar e objetos voando para todos os lados. O copo quase vazio de café de Zaharie, canetas, papéis, tudo o que estivesse solto seria jogado pelo vento, incluindo os incômodos cintos de ombro do assento de Fariq, que ele deve ter soltado logo após as rodas do avião se afastarem da pista de Kuala Lumpur. Uma névoa branca preencheria o espaço quando a queda de temperatura fizesse a umidade do ar na cabine condensar. O copiloto teria percebido no mesmo instante: *Isto é uma emergência.* Teria sido como um letreiro luminoso no cérebro dele, mas isso também concorreria com outras luzes e sons, sensações fisiológicas que certamente seriam perturbadoras e acachapantes.

O ar mais denso dentro do corpo de Fariq sairia rapidamente por todos os orifícios, um efeito que pode ser doloroso, sobretudo nos ouvidos, como qualquer um que tenha voado com um resfriado deve saber. Ele começaria a sofrer espasmos nos dedos, nas mãos e nos braços. Fariq teria se esforçado para entender essa rápida transição do normal para o pandemônio enquanto segundos irreversíveis de capacidade intelectual se esvaíam.

Emergência, tenho que descer, tenho que avisar alguém. O que primeiro? Ele teria esticado a mão até o transponder para digitar 7700, os quatro dígitos que alertariam todo mundo em terra e no ar que havia algo de errado com o avião. Seus dedos ainda estariam tremendo quando ele segurasse o pequeno botão redondo no canto esquerdo do aparelho e virasse para a posição de Espera. Não seria sua intenção, mas ele já teria começado a perder acuidade mental. Em um esforço para transmitir uma mensagem de socorro, sem perceber, ele teria interrompido o único meio pelo qual os controladores de tráfego aéreo tinham de identificar seu avião e os detalhes do voo. Era meio minuto após 1h20 da madrugada.

Uma luz que se apaga

Não é difícil imaginar uma reação inadequada de Fariq. Como descobriram os gregos que investigaram o desastre da Helios, foram poucos os pilotos que vivenciaram a perigosa sedução da hipóxia. Aviadores militares de muitos países são treinados para reconhecer os sintomas da falta de oxigênio passando um tempo imersos em câmaras de altitude, em atmosferas de 7600 metros. No entanto, nem mesmo pilotos militares, astronautas e soldados são submetidos ao tipo de descompressão súbita que pode ter acontecido no MH-370. O ataque de hipóxia é rápido demais acima de 25 mil pés (7600 metros), e os riscos à saúde são muito altos para reproduzi-la em uma câmara de altitude.

Quando o MH-370 perdeu o radar secundário e desapareceu da tela dos controladores a 35 mil pés, o avião não estava exatamente invisível. É difícil um borrão de metal de sessenta metros não ser captado pela varredura de um radar, mesmo se a antena estiver a trezentos quilômetros de distância. Contudo, o sinal devolvido, chamado de eco, não transmite as informações precisas fornecidas pelo transponder. Os objetos são captados pela varredura do radar no que se conhece como modo "primário". Objetos de tamanhos e naturezas diferentes, como bandos de gansos, uma nuvem ou um navio, podem rebater o sinal no radar e aparecer na tela como um ponto verde.

O radar primário é um alvo "básico". Ver esse tipo de ponto por um período permite que se calcule a velocidade de um objeto, o que pode ajudar a determinar se é uma aeronave, já que poucas coisas são tão rápidas quanto um avião de carreira. Às vezes, é possível saber qual é o tipo do avião, porque modelos diferentes se deslocam a velocidades diferentes. A velocidade de cruzeiro do Boeing 777 é de 925 quilômetros por hora.

Com a altitude a história é outra. É muito mais complicado estimar altura, e não é possível determinar altitude com um radar primário civil. Só radares militares têm essa capacidade.

Quando o MH-370 desapareceu, histórias e teorias surgiram a partir de uma nota da Reuters de que o avião começou uma série caótica de subidas e descidas depois de se virar de novo em direção a Kuala Lumpur. Embora isso se baseasse em informações genuínas obtidas e analisadas por especialistas internacionais militares e civis em sistemas de radar, parte dos dados era "essencialmente inútil", segundo um dos homens que participaram da avaliação e que deseja manter o anonimato.

Nem todos os sistemas de defesa aérea capazes de captar altitude chegaram a identificar isso, e entre os dados de altitude coletados havia indícios de que o alvo que poderia ser o avião estava caindo centenas de metros em poucos segundos. Essa análise tinha que ser considerada um erro, porque o avião não era capaz de um movimento tão rápido.

"As informações relatadas eram corretas em si mesmas. Havia uma descida de 40 mil pés para 25 mil pés (de 12 200 para 7600 metros), mas, para um avião comercial fazer isso, seria preciso descer 10 mil pés (3 mil metros) por minuto", explicou minha fonte, o que era mais que o dobro do que seria uma taxa de subida rápida. "Muitos números ali não eram razoáveis."

O que nunca foi divulgado é que as informações questionáveis de altitude causaram controvérsia entre as pessoas que analisavam as gravações, porque alguns especialistas civis em radares acharam que, de acordo com os dados, o avião tinha sido atingido por um míssil. Essa hipótese dominou a discussão por alguns dias, sendo refutada pela Força Aérea da Malásia. Segundo o participante que me contou a história, a controvérsia foi resolvida pela falta de destroços no mar do Sul da China. "Estavam fazendo buscas naquela área, onde o avião fora visto pela última vez, mas não encontraram nada. Se a aeronave tivesse sido abatida, alguém teria achado pedaços de coisas, mas não havia nada que sustentasse essa teoria, então chegamos a um consenso de que não foi isso que aconteceu."

Esse consenso foi reforçado quando técnicos da empresa de satélites Inmarsat chegaram a Kuala Lumpur alguns dias mais tarde para informar à equipe que a aeronave não tinha desaparecido de repente do radar, mas voado por um trajeto mais longo e muito mais intrigante. Eles sabiam disso porque o avião estava trocando sinais com um satélite de comunicação. Os registros dessas trocas também forneceram alguns poucos dados sobre as horas finais do 9m-mro.

Antes de decolar em Kuala Lumpur, o avião estava carregado com cerca de 50 mil quilos de combustível. Considerando um consumo de 6800 a 7700 quilos de combustível por hora em um Boeing 777-200, a aeronave tinha no máximo 7,2 horas de autonomia. Os dados da Inmarsat mostravam que o avião chegou a voar ligeiramente mais do que isso, durante 7,5 horas, o que significava que não poderia ter realizado subidas acentuadas nem voos em baixa altitude, pois ambas as manobras consumiriam mais combustível.

Os dados do satélite também mostravam que não podia ter acontecido nada ao avião que provocasse uma queda de desempenho, como um incêndio comprometedor ou danos estruturais. Isso teria causado mais arrasto ou impedido que ele continuasse no ar por tanto tempo.

Assim como os dados básicos do radar, os sinais igualmente simples entre o avião e a rede de comunicações via satélite se tornariam uma importante fonte de informações, fornecendo fatos que nem os especialistas sabiam que tinham.

Enquanto o radar captava de forma intermitente a presença de algo se movendo com a velocidade de um 777 no sentido sudoeste sobre a península, dentro da cabine de comando do 9m-mro o cérebro de Fariq devia estar mergulhado em um estado de confusão. Ele não estaria fora de si, mas tampouco se encontraria completamente capaz. Quando a atmosfera interna do 777 saltou de repente de 8 mil pés para mais de 30 mil pés (de 2500 para 9 mil metros), o jovem piloto adotaria as medidas erradas enquanto seu estado mental, que decaía rapidamente, lhe diria que ele estava fazendo as coisas certas. Ele jamais se daria conta dos erros: vítimas de hipóxia acham que estão agindo de forma genial.

Quando tento imaginar o estado intelectual comprometido de Fariq, relembro a história de um aviador do Exército em uma sessão de treinamento dentro de uma câmara de altitude, que mais tarde foi postada no YouTube. Eu não conseguia parar de ver a transformação impressionante do homem no vídeo, identificado como Número 14.

O jovem soldado está entre outros dois que estão respirando oxigênio suplementar, mas o Número 14 está com o regulador solto para se submeter à hipóxia. Ele tem um baralho na mão, e lhe pediram que virasse uma carta de cada vez, anunciando o número e o naipe antes de virar a carta seguinte. A altitude na câmara é de 25 mil pés (7600 metros).

"Estou me sentindo muito bem agora", diz o Número 14, anunciando "seis de espadas" e mostrando um seis de espadas para a câmera. "Nenhum sintoma ainda." Aos 24 segundos, ele afirma sentir um formigamento "nos dedos dos pés e nos dedos dos pés". Com um minuto, Número 14 erra a primeira carta. Ele identifica um cinco de espadas como um quatro de espadas. Depois que lhe pedem duas vezes que olhe de novo e faça a correção, ele passa a chamar todas as cartas de quatro de espadas.

Passados dois minutos, conforme o raciocínio dele vai ficando cada vez mais débil, perguntam: "Senhor, o que você faria se isto fosse um avião?". A resposta: "Quatro de espadas, quatro de espadas". Após noventa segundos, nos quais ele ignora vários pedidos para voltar a fixar o regulador, um colega o fixa por ele.

Sessões como essa têm o objetivo de demonstrar aos futuros pilotos os perigos da hipóxia. Como o bêbado que se acha a pessoa mais engraçada na sala, um piloto padecendo de hipóxia pode ficar com uma sensação maior de competência e bem-estar, o que um piloto chamou de "euforia entorpecida".

Isso é uma questão complicada, porque hipóxia pode levar à morte cerebral. Em caso de hipóxia, o indivíduo precisa tentar obter com urgência mais oxigênio, mas com frequência as pessoas não tentam. A hipóxia cria um estado de graça imbecil. Um comentário no vídeo do YouTube dizia "Legalizem isso", porque realmente parece uma brincadeira boba e divertida.

Eu esperava passar por uma experiência semelhante quando me juntei a duas dúzias de pilotos da EVA Air, de Taiwan, para um dia inteiro de treinamento e conscientização sobre hipóxia na Câmara de Treinamento em Altitude Del E. Webb, na Universidade Politécnica Estadual do Arizona, em Mesa, conduzido pelo dr. Robert Garner, especialista em hipóxia.

Preparada para os efeitos enganadores e as atitudes bobas advindas da falta de oxigênio, tirei minha máscara quando a câmara hipobárica alcançou o equivalente atmosférico a 25 mil pés (7600 metros). Comecei a cuidadosamente fazer umas contas simples de matemática na prancheta que me deram e comentei, convencida, que estava acertando tudo. Alguns de meus colegas também escreviam atentamente, mas outros estavam olhando para os lados e sorrindo. Shih-Chieh Lu, que estava na sessão comigo, disse que a sensação foi de embriaguez. Depois de mais ou menos um minuto, eu já estava respirando com dificuldade. Minha cabeça começou a balançar aos dois minutos.

"Quente", falei, mais um suspiro do que uma declaração, porque era um esforço muito grande o mero gesto de apertar o botão do microfone para falar com o operador da câmara. E pronto. Apaguei, e o comissário da câmara, Dillon Fielitz, prendeu uma máscara de oxigênio na minha cabeça inerte. Mais um minuto se passou, o oxigênio fez seu trabalho e me despertou do vazio. Eu não sabia que havia desmaiado e não lembrava que Fielitz tinha me socorrido.

"Essa experiência com o treinamento na câmara de altitude é muito útil para o piloto", disse-me Yuchuan Chen, outro cadete, por e-mail mais tarde. "A situação vai ficar perigosa se os pilotos não tomarem nenhuma atitude em caso de perda de pressurização." Da bobeira à inconsciência, os sintomas podem variar, mas, segundo o dr. Garner, a impressão de Yuchuan é a lição que se esperava transmitir com o treinamento na câmara de altitude.

A hipóxia foi responsável por pelo menos sete acidentes aéreos fatais desde 1999 e muitos outros que quase terminaram em desastre. Em 2008, os dois pilotos de um Learjet da Kalitta Flying Service sofreram hipóxia a 32 mil pés (quase 10 mil metros) de altitude. O voo tinha acabado de ser entregue ao CTA (controle de tráfego aéreo) de Cleveland quando o controlador ficou preocupado com a transmissão inconstante do piloto e o som de um alarme ao fundo. No que parece uma repetição absurda que agora faz muito sentido para mim, o comandante explicou ao controlador que estava "Sem... controle... de altitude. Sem... controle... de... velocidade. Sem... controle... de rumo". Ele acrescentou: "Fora isso, tudo... o.k.".

O piloto da Kalitta deve ter feito um esforço extraordinário para atravessar a neblina mental por tempo suficiente para dar essa chamada de emergência. Ao reconhecerem o problema, os controladores liberaram o Learjet para uma descida imediata para 11 mil pés (3360 metros). Ainda é um mistério, e um milagre, o que fez o piloto entender e reagir à instrução, visto que a manobra certamente salvou vidas. O avião voou mais baixo, a tripulação voltou à consciência e o avião aterrissou em segurança.

Um cenário semelhante no voo 370 da Malaysia Airlines não dá conta de tudo, mas explica muito. Fariq teria percebido logo de cara que havia um problema, mesmo sem o apito eletrônico constante do alarme de altitude. E, em algum momento, ele deve ter se lembrado de colocar a máscara de oxigênio, que estava armazenada em uma caixa do tamanho de um porta-luvas de carro, debaixo do braço do assento. Pode ser que ele tenha sido impedido de agir rapidamente pelos movimentos atrapalhados. Talvez tenha sido confundido pela dificuldade de apertar as abas vermelhas com o polegar e o dedo médio de modo a expandir o suficiente o círculo imenso de borracha para passar a máscara pela cabeça e depois soltar as abas para elas encolherem de novo e prenderem o regulador firmemente por cima do nariz e da boca. Seus olhos estavam cobertos por uma máscara de plástico grossa e transparente, e uma gaxeta vedaria o conjunto.

Então, o que houve? Por que ele não foi reanimado? Por que o comandante Zaharie não voltou à cabine? Estava tudo um caos, e o alarme de altitude ainda berrava.

É uma suposição lógica imaginar que Zaharie foi ao banheiro da classe executiva perto da cabine de comando, que também era usado pela tripulação. Esse banheiro e todos os outros do 777 da empresa contam com uma máscara suspensa de oxigênio para o caso de despressurização. Imagine o que Zaharie pensou ao ver o copinho de plástico amarelo cair após a despressurização. Ele ficaria aturdido por um instante, mas, com sua experiência, compreenderia imediatamente o que acontecera e o que tinha que ser feito.

Ainda assim, ele precisava tomar uma decisão: tentar voltar à cabine de comando sem o suplemento de oxigênio, ou continuar no banheiro e esperar Fariq levar o avião a uma altitude menor e, só a partir daí, se juntar ao copiloto. Suponho que Zaharie não tivesse confiança na capacidade de Fariq de lidar com a emergência e escolhesse a primeira opção. Mas o efeito da falta de oxigênio também seria prejudicial para o comandante. O ar sairia rapidamente de seus aparelhos respiratório e digestivo. Suas extremidades começariam a tremer. Ele teria dificuldade para sair do banheiro. Talvez tenha procurado um comissário de bordo ou um cilindro de oxigênio portátil. Talvez tenha parado para avaliar a situação dentro da cabine de passageiros. Talvez tenha mantido a concentração e andado depressa até a porta da cabine de comando.

São só alguns passos do banheiro até lá, mas, como Fariq, Zaharie era fumante e provavelmente mais suscetível aos efeitos da privação de oxigênio. Se ele saísse do banheiro, se percorresse o corredor estreito, se chegasse à porta da cabine de comando sem perder a consciência ou as funções cognitivas, encontraria outro desafio à espera dele.

A porta da cabine se abre automaticamente quando ocorre perda de altitude. Será que Zaharie se lembraria disso? Ou será que, pela força do hábito, ele pararia diante da porta e tentaria digitar o código? Será que ele perdeu segundos preciosos tentando se lembrar de uma senha desnecessária? Ou será que ele só pôs a mão na maçaneta e abriu a porta, mas sucumbiu à falta de oxigênio antes de chegar ao assento? Segundo pilotos da Malaysia Airlines, em uma situação de descompressão súbita, teria sido muito difícil para o comandante Zaharie voltar à cabine. Todos os casos anteriores de descompressão súbita em aviões de carreira, tanto os que conseguiram pousar quanto os poucos que caíram, demonstram com uma clareza assombrosa que esforços físicos consomem os escassos segundos de consciência útil.

O comandante não conseguiu retomar o controle do avião. Se tivesse conseguido, talvez o resultado acabasse sendo muito diferente.

Incompreensível

Na cabine de comando, Fariq estava com a máscara e respirava oxigênio suficiente para manter algum grau de inteligência. *Por que o comandante Zaharie não voltou?*, ele deve ter pensado. E deve ter percebido que precisava levar o avião de volta para o solo.

O painel de controle do sistema de gerenciamento de voo (FMS, na sigla em inglês) fica localizado entre os assentos dos pilotos, acima dos manetes, onde pode ser acessado com facilidade por qualquer um dos pilotos que precise programá-lo. O FMS tem muitas funções, incluindo permitir que a tripulação envie mensagens de texto ao centro de controle da companhia aérea. Sabemos que nenhuma mensagem foi enviada. No entanto, em caso de emergência, o FMS armazena informações de navegação para os aeroportos mais próximos, de modo que os pilotos possam selecionar em segundos um destino e se encaminhar para lá.

De onde o 777 estava voando, entre o golfo da Tailândia e o mar do Sul da China, se Fariq virasse o avião, os aeroportos alternativos seriam Penang e Langkawi, segundo pilotos que voam pela região. Essas opções apareceriam em uma lista na tela, à espera da escolha do piloto.

Ninguém sabe quanto Fariq de fato conseguia raciocinar, mas, por algum motivo, ele escolheu Penang, o terceiro aeroporto mais movimentado da Malásia, com uma pista de três quilômetros. A pergunta seguinte apareceu na tela. DESVIAR AGORA? Fariq selecionou: EXECUTAR.

O avião começou imediatamente uma curva lenta e calculada e, à 1h30, estava no rumo sul-sudoeste de volta para a Malásia.

O tempo que uma pessoa consegue permanecer consciente e racional em grandes altitudes é chamado tempo de consciência útil. Embora esse período possa variar de acordo com muitos fatores, como saúde, idade e predisposição genética, estima-se que Fariq teria de quinze a trinta segundos antes de perder a capacidade de pensar com clareza. Sabemos que Fariq, ou quem quer que fosse o piloto na cabine, manteve capacidade intelectual suficiente para virar o avião e selecionar um curso em direção a Penang. No entanto, o fato de essas manobras terem sido feitas sem notificação via rádio e depois de o transponder parar de transmitir me leva a concluir que o piloto no controle do avião estava tão prejudicado que, embora fosse capaz de tomar decisões simples sobre a direção do voo, não se poderia esperar mais nenhum ato sensato por parte dele.

Fariq estava respirando com uma máscara. A posição padrão teria proporcionado 100% de oxigênio, e, a 35 mil pés (10 700 metros) de altitude, a pressão positiva na verdade empurra o oxigênio para dentro do nariz da pessoa. Passei por isso quando estava na câmara de treinamento em altitude da Universidade do Estado do Arizona. Foi como se uma saída de ar-condicionado estivesse colada no meu rosto.

Quando tudo funciona direito, a máscara nos revigora. A visão de Fariq desanuviaria e seus pensamentos ficariam mais claros, só que, considerando o que aconteceu em seguida, ele não recuperou a consciência. O principal indicador disso é o fato de que o avião não começou a descer.

Devido à gravidade da perda de pressurização durante o voo, os aviões modernos têm um sistema de cinto e suspensório para o problema. A máscara de oxigênio é o cinto, e a descida de emergência é o suspensório. Os dois são igualmente importantes, duas rotas para o mesmo destino: raciocínio claro.

Em *Do voo e da vida*, Charles Lindbergh descreve quando, durante o teste com um caça sem pressurização voando a 36 mil pés (11 mil metros) em 1943, o abastecimento de oxigênio dele parou de repente. "Pela minha experiência em câmaras de altitude, sei que, naquela altura, tenho ainda uns quinze segundos de consciência — não tenho nem tempo nem clareza de raciocínio para conferir mangueiras e conexões. A vida precisa de oxigênio, e a única fonte certa está seis quilômetros abaixo de mim."

Em seu livro, Lindbergh relata que mergulhou com o avião, desmaiando enquanto despencava em direção ao solo. Foi só a 15 mil pés (4500 metros) de altitude que ele se recobrou e presenciou a clareza "da cabine, do avião, da Terra e do céu".

Não foi o que aconteceu com Fariq. O raciocínio estava embotado. A máscara dele fornecia oxigênio suficiente para manter uma consciência parcial, mas ele não estava pensando com clareza.

Vários problemas podem ter impedido que Fariq recebesse oxigênio suficiente mesmo com a máscara no rosto. Algum defeito na máscara, ou no estoque de oxigênio, ou na conexão entre os dois poderia explicar por que ele não sentiu o que Lindbergh havia definido como "a onda de percepção por nervos e tecidos".

Nas horas que antecederam a decolagem do MH-370 para Beijing, mecânicos haviam feito a manutenção dos dois tanques de oxigênio da cabine de comando, reabastecendo-os e restaurando a pressão para 1800 libras (pouco mais de oitocentos quilogramas) por polegada quadrada. Depois de reinstalar os cilindros, os mecânicos precisam abrir a válvula ao máximo, caso contrário a máscara não vai receber o devido fluxo de oxigênio. "Uma ou duas vezes por ano, das centenas de vezes que tanques de oxigênio são trocados em uma linha aérea americana de grande porte, pode acontecer de um mecânico não fazer isso", segundo um mecânico que aceitou falar da questão sob a condição de anonimato.

"É um lapso de memória, e é constrangedor", explicou-me ele. Perguntei isso ao meu contato por causa de uma história que ouvi de um piloto que trabalha para outra linha aérea americana. Esse piloto estava fazendo uma inspeção de pré-voo quando descobriu que o fluxo de oxigênio em sua máscara era pequeno. "Pedi ao mecânico que viesse à cabine", contou-me ele — também com a condição de que eu não revelasse seu nome —, e foi aí que descobriram que a válvula de abastecimento estava praticamente fechada. "Ele ficou chocado, arrasado", relata o comandante ao descrever a reação do mecânico, que então adotou uma postura um tanto sinistra. "Vocês todos teriam morrido", disse o mecânico para ele.

Em muitos aviões de carreira, essa importante ação derradeira após a revisão do oxigênio não depende da memória do mecânico. Uma mensagem no monitor da cabine de comando notifica os pilotos se a pressão do oxigênio cair entre o tanque e a máscara. Se a linha de abastecimento entre o tanque e a máscara estiver cheia, o indicador mostrará que o sistema de oxigênio está funcionando de maneira adequada. No entanto, se a válvula estiver parcialmente fechada, o que reduziria a quantidade de oxigênio disponível para o piloto em caso de despressurização, o indicador não vai avisar.

"Para o piloto que está fazendo a inspeção de pré-voo parece que o sistema está com a pressão máxima, devido ao ar preso na linha de abastecimento, e, se ele olhar o monitor, vai ver que o tanque está cheio", explicou-me o piloto. Se a tripulação precisar de oxigênio durante o voo, esse fluxo limitado poderá causar um problema para os pilotos. "Quando esse volume armazenado de oxigênio na linha de abastecimento sair, a pressão vai cair para uma medida insuficiente. Não vai fornecer uma quantidade plena de ar, então, por mais força que a pessoa faça para respirar, não vai conseguir oxigênio suficiente."

Existem outras armadilhas possíveis. Vazamentos nos tubos de abastecimento ou na vedação que prende a máscara no rosto podem reduzir o fornecimento de oxigênio ao piloto. Enquanto trabalhava para o NTSB [sigla em inglês para Conselho Nacional de Segurança nos Transportes], o dr. Mitch Garber disse que, às vezes, voava no assento do observador aéreo dentro da cabine de comando. Em três ocasiões, ele descobriu um problema com a máscara de oxigênio. Uma vez, os tubos cheios de ar que se contraem para prender a máscara na cabeça estavam vazando. Em outra, após a inflação dos tubos, aconteceu um estalo alto e, em seguida, o ar parou de fluir. Ele se lembra, sobretudo, da vez que a máscara funcionou direito dentro do compartimento, mas se desmontou quando ele a tirou do suporte. "Essa foi a que me fez ser expulso do voo, porque não havia outras máscaras", disse ele, acrescentando: "Essas coisas ficam guardadas naquelas caixas por muito tempo".

Outro fator que poderia ter impedido que Fariq recuperasse suas plenas funções cognitivas era a possibilidade de o barômetro aneroide do regulador de sua máscara ter pifado e não aferir corretamente a altitude de cabine. Acima de 35 mil pés (10 700 metros), esse dispositivo pequeno em formato de fole ativa a máscara para fornecer não uma simples mistura de ar pressurizado, mas oxigênio puro sob pressão.

Em uma situação de descompressão a altitudes maiores, há um intervalo entre a primeira inspiração do oxigênio adicional e sua chegada ao cérebro. O piloto James Stabile, antigo membro da comissão especializada que fiscaliza as normas dos sistemas de oxigênio para aeronaves, sugeriu que eu imaginasse pequenos vagões carregados de oxigênio saindo dos pulmões, onde o oxigênio é transferido para a corrente sanguínea, e seguindo para o coração e, depois, para o cérebro.

Quando a pressão do oxigênio cai de repente, como em uma descompressão súbita, o gás é expelido do corpo, inclusive dos pulmões. Essa carência de oxigênio leva cerca de dez a doze segundos para chegar ao cérebro. Esse é o tempo de consciência útil em grandes altitudes. Inserir 100% de oxigênio nos pulmões permitirá que os vagões seguintes reabasteçam o cérebro, voltando a ligá-lo, e "com muita frequência o indivíduo não vai nem se dar conta desse lapso cognitivo", disse Stabile.

A diferença entre o que aconteceu no voo 522 da Helios e o jatinho particular que transportava Payne Stewart, e o que eu acredito que tenha acontecido no 9M-MRO (o avião do voo 370 da Malaysia Airlines), é que, quando a aeronave decolou em Kuala Lumpur, a cabine estava pressurizada. Se não estivesse, a comunicação dos pilotos com o controle de tráfego aéreo à 1h19 teria indicado algum problema. A situação também teria sido transmitida no relatório de status normal do ACARS à 1h07. O que aconteceu no voo 370 foi algo repentino.

Como os pilotos sucumbem à hipóxia muito rápido em altitudes de cruzeiro, algumas agências regulatórias de aviação exigem que, se um piloto sair da cabine de comando, o tripulante que permanecer deve colocar a máscara de emergência. E, embora a intenção seja boa, a execução é precária. É comum os pilotos ignorarem essa regra. Um me contou que fazia cinco anos que não usava a máscara de oxigênio; e o piloto que o acompanhava na cabine também nunca lhe pedira para usar. "É incrivelmente incômodo", disse ele.

John Gadzinski, piloto de uma companhia aérea americana e consultor particular de segurança, explicou-me por que tão poucos pilotos obedecem. "Você precisa tirar o *headset* (fone de ouvido) e voltar a colocá-lo, e talvez também tirar os óculos. E aí você tem que falar pelo microfone da máscara e reconfigurar as comunicações quando guardar a máscara de novo", disse ele. "Os pilotos são humanos, e, em 99,9% das vezes, nada de ruim acontece durante um voo."

Então acho que, quando Zaharie saiu da cabine, deixando Fariq no comando, o jovem copiloto não pôs a máscara. Nenhum dos dois imaginou a quantidade de problemas que poderiam acontecer, desde o mais banal até o mais bizarro. Eis alguns:

Em 2011, um rompimento no teto de um Boeing 737 da Southwest Airlines a 34 mil pés (10 400 metros) causou uma despressurização súbita durante um voo no Arizona. As máscaras dos passageiros caíram, mas um comissário de bordo que estava tentando usar o comunicador da cabine antes de botar a máscara perdeu a consciência, assim como o passageiro que tentou ajudá-lo. Os pilotos fizeram uma descida de emergência e aterrissaram sem maiores problemas.

Já houve casos em que vedações com defeito nas portas e falhas estruturais de um avião causaram descompressões. Em uma ocasião, em 2008, o cilindro de oxigênio de um passageiro explodiu em um Boeing 747 da Qantas. O cilindro atravessou a lateral do avião como se fosse um pequeno míssil, deixando um buraco grande o bastante para causar uma descompressão súbita. Ninguém ficou ferido.

Porém, às vezes, a descompressão é fatal. Em um caso horrível ocorrido em 1988, uma parte de mais de cinco metros de um 737 da Aloha Airlines se abriu no avião durante um voo rumo a Honolulu, lançando uma comissária de bordo para fora.

O voo 5390 da British Airways é outra história macabra. Era uma viagem de Birmingham, na Inglaterra, a Málaga, na Espanha, no começo de uma manhã ensolarada de junho de 1990. Quando o BAC-111 com 81 pessoas a bordo passou de 17 mil pés (5200 metros) de altitude, o para-brisa da cabine de comando estourou. O comandante Tim Lancaster foi sugado parcialmente pelo buraco, mas suas pernas ficaram presas nos controles.

O comissário de bordo Nigel Ogden havia acabado de se virar para sair da cabine de comando, após ver se os pilotos queriam chá, quando ouviu o estrondo. Ele achou que tinha sido uma bomba. Quando olhou para trás, viu as pernas do comandante.

"Eu pulei por cima da coluna de controles e o segurei pela cintura para que ele não fosse sugado de vez", relatou Ogden para um jornal local.

Nessa saída inesperada pela janela, Lancaster desativara o piloto automático sem querer. Enquanto outro comissário de bordo corria para ajudar a impedir que o comandante sumisse, o copiloto Alistair Atcheson recuperou o controle do avião e se preparou para um pouso de emergência, que ele realizou apenas dezoito minutos depois. O comandante Lancaster sobreviveu e não parou de voar. Uma análise do avião demonstrou que, durante uma substituição do para-brisa alguns dias antes, um mecânico havia usado parafusos ligeiramente menores do que os necessários, e por isso o vidro novo não ficara devidamente preso.

Então é possível perceber que, no caso do voo 370 da Malaysia Airlines, uma despressurização administrada de forma incorreta pelo piloto não é uma situação improvável, nem inédita. Coincide com os fatos que conhecemos.

À 1h52, Fariq havia conduzido o avião de volta pela Malásia até Penang. Nesse momento, ele tomou mais uma decisão que só podia ser explicada por um estado semirracional causado pela hipóxia. Ele virou o avião para o norte. Talvez sua intenção fosse pousar no aeroporto internacional de Langkawi, onde ele aprendera a voar. Sem dúvida, ele devia conhecer o aeroporto tão bem quanto a garagem da própria casa, e a pista de pouso era quase seiscentos metros mais longa que a de Penang. Ele estaria chegando em peso, com os tanques ainda preenchidos por grande parte do combustível carregado em Kuala Lumpur. Se Fariq teve qualquer raciocínio, é possível que ele tenha concluído que, quanto mais pista de pouso, melhor, e Langkawi tinha bastante. Contudo, acho que ele já não estava raciocinando bem, porque sua capacidade para tanto já havia desaparecido muito tempo antes. Ao virar para noroeste, o 9M-MRO continuou voando. Não houve nenhum esforço para descer ou começar uma aproximação do aeroporto. Já fazia 32 minutos que Fariq estava pilotando desde a ocorrência que havia comprometido o voo. Ainda em altitude de cruzeiro, o avião passou por VAMPI — um dos muitos pontos de referência de navegação no céu, todos batizados com nomes de cinco letras. Depois, o avião voou para o norte até o ponto seguinte, MEKAR, desaparecendo de vez em algum lugar ao norte de Sumatra.

Energia intermitente

A incapacitação mental de Fariq explica uma série de ocorrências intrigantes que começaram com um acontecimento catastrófico repentino e desconhecido. Algumas teorias associavam o caso às baterias de íon-lítio que o avião transportava. Em minha opinião, é uma teoria duvidosa por dois motivos. Em primeiro lugar, um incêndio causado por uma bateria de íon-lítio é uma situação assustadora, e você lerá sobre isso mais adiante neste livro. Não duvido que, nesse tipo de circunstância tão alarmante, os pilotos teriam compreendido a necessidade de aterrissar o avião imediatamente. Além do mais, se tivesse havido um incêndio, é pouco provável que a tripulação fosse incapacitada sem causar danos sérios à estrutura do avião, e sabemos que a aeronave continuou voando com uma eficiência notável por muitas horas após o problema inicial.

O que aconteceu no voo 370, seja lá o que tenha sido, provavelmente causou tanto a despressurização quanto uma pane geral do sistema elétrico do avião. Não se sabe se Fariq desligou o transponder sem querer ou se o dispositivo pifou sozinho. Isso também vale para a perda do sistema de relatórios ACARS: será que ele teve um problema ou foi desligado intencionalmente por algum motivo? E uma pista ainda mais intrigante é a perda de transmissões regulares entre o avião e o satélite a partir de algum momento entre 1h07 e 1h37, com retorno do sinal às 2h25. Até quem estava atento à história do voo 370 teve poucas informações sobre esse lapso peculiar.

Durante a cobertura da imprensa, as pessoas descobriram que aviões de carreira transmitem em intervalos regulares uma mensagem de status: um "ping" ou "handshake" semelhante aos sinais que telefones celulares ligados enviam às torres próximas até quando não estão sendo usados em ligações. O celular só para de enviar esse sinal se for desligado ou posto em modo avião.

É essa a analogia que os engenheiros do Inmarsat usam para explicar o que aconteceu no MH-370 simultaneamente a tantas outras ocorrências inexplicáveis. O sinal do avião para o satélite parou, voltando apenas quando o avião se reconectou, às 2h25, como se estivesse se ligando no início de um voo.

Existem poucas explicações possíveis para isso: uma pane elétrica no avião, um defeito de software ou alguma interferência na conexão entre a antena e o satélite, como se o avião tivesse voado de cabeça para baixo de modo a deixar a fuselagem entre a antena e o satélite. Todas as três possibilidades são extremamente remotas. No entanto, alguns indícios não foram investigados a fundo.

Na primeira semana de 2008, um Boeing 747 da Qantas vindo de Londres estava em aproximação em Bangcoc com 365 pessoas a bordo. Era uma tarde ensolarada de céu limpo — felizmente, porque, quando o voo 2 da Qantas desceu para menos de 10 mil pés (3 mil metros), o avião sofreu uma pane elétrica geral. O autorregulador, o piloto automático, o radar meteorológico e muitos outros sistemas, incluindo o controle automático do sistema de pressurização, simplesmente pararam. Só a tela de voo do comandante continuou funcionando, embora em "modo reduzido". O avião pousou em segurança, mas, quando já estava no solo, não conseguiram abrir as portas porque as válvulas de saída não liberaram automaticamente a pressão da cabine.

O Boeing 747 e outras aeronaves da Boeing, incluindo o 777 e o 767, têm uma cozinha localizada acima do compartimento de equipamentos e dispositivos eletrônicos, chamado de baia E&E. No voo 2 da Qantas, uma inundação na cozinha resultou em uma infiltração de água nessa área. Não foi um caso isolado. Durante a investigação, a Australian Transport Safety Bureau [Agência Australiana de Segurança dos Transportes] descobriu que os equipamentos eletrônicos nessa área haviam sido "submetidos repetidamente" a líquidos acima do limite de tolerância. Quando a ATSB procurou ocorrências semelhantes, descobriu cinco casos em aviões de grande porte, sendo quatro Boeings e um Airbus A300 — e esses foram só as situações graves o bastante para provocar um problema de segurança durante o voo.

Descobri que, em aviões em que a cozinha fica acima de equipamentos elétricos, é comum os mecânicos detectarem vazamentos.

"O 777 tem um compartimento de aviônicos embaixo da cozinha da primeira classe. Quando um tripulante detecta água, o manual exige que a baia seja inspecionada em busca de infiltração", explicou-me um mecânico de uma importante companhia aérea americana — chamarei esse mecânico de Fred porque ele não quer que eu use seu nome verdadeiro. Alguns dias depois de me contar isso, Fred me mandou um vídeo em que dava para ver claramente água pingando no piso de um barulhento e superlotado compartimento de equipamentos.

"Onde você conseguiu isto?", perguntei, imaginando que Fred encontrara o vídeo em uma espécie de YouTube para mecânicos de avião. Mas, não, ele havia gravado o vídeo pessoalmente, em um Boeing 767 que foi deixado em suas mãos pouco após nossa primeira conversa sobre o voo 2 da Qantas.

Comecei a pensar que, talvez, algum problema elétrico intermitente devido ao contato com a água poderia ter provocado as diversas panes no voo 370 da Malaysia Airlines, incluindo a misteriosa interrupção e o posterior restabelecimento das comunicações às 2h25 que ninguém havia conseguido explicar até então.

Assim, perguntei à ATSB se a pane elétrica quase geral do voo 2 da Qantas em 7 de janeiro de 2008 interrompeu a conexão com o satélite. Será que sistemas eletrônicos danificados pela água poderiam afetar as comunicações via satélite? A ATSB não sabia.

"Não tenho como lhe dar uma resposta definitiva, pois precisaríamos estabelecer uma compreensão detalhada quanto ao esquema de distribuição de carga na aeronave, à interação com o barramento 4 de corrente alternada, sem falar no sistema elétrico que abastece o SATCOM", respondeu-me Julian Walsh, o comissário-chefe interino, por e-mail. "Esse não foi um aspecto abordado pela investigação original."

Não sei se essa hipótese faz parte das apurações das autoridades da Malásia sobre o que aconteceu ao avião, que tinha o código de registro 9M-MRO, porque a equipe responsável pela investigação não responde a perguntas.

Quando o último eco de radar do voo 370 se apagou — indicando que o avião estava em algum ponto na extremidade norte de Sumatra —, Fariq fez uma última curva. Não há dados que apontem o momento certo, mas o avião virou para o sul e voou por mais cinco horas até acabar o combustível. Acredito que essa última curva seja o ponto em que o cérebro sem oxigênio de Fariq atingiu o limite. Como aconteceu com Número 14 e sua fixação no quatro de espadas, Fariq ficou preso em algum pensamento. Pedi que o comandante Pete Frey tentasse explicar a última ação de Fariq. Eu não pretendia insultar Pete, amigo de longa data, ao sugerir que ele talvez soubesse como era perder a capacidade de raciocínio, e, felizmente, ele não levou para esse lado.

"Quem sabe o que ele está fazendo? *Ele não sabe o que está fazendo*", disse Frey após pensar em minha pergunta. "Ele perdeu a noção do tempo, então começou a achar que estava lá atrás. Talvez esteja pensando: 'Tenho que ir para o norte, e onde é que eu estou? Vou por aqui'. Com o tempo, percebe que está perdido e diz: 'Agora vou virar e voltar, mas não sei para onde volto, então vou só seguir para o sul. Estou muito para o norte'."

Quando levamos em conta a confusão em que a mente de Fariq devia estar, percebemos as muitas possíveis explicações para a bizarra trajetória de voo do MH-370.

"A esta altura, a única coisa que dá para dizer", explicou-me Frey, "é que ele está penando com uma capacidade intermitente, e isso não basta."

Centro de confusão

A aviação comercial é, ao mesmo tempo, mais e menos avançada do que as pessoas imaginam. A programação pré-voo feita pelo piloto pode permitir que a máquina decole, voe e pouse, embora qualquer piloto diga que o trabalho é muito mais complexo do que só colocar o avião no céu e de volta no chão (como veremos na parte cinco deste livro).

"Se configurarmos os sistemas para seguirem o plano de voo, poderíamos ir almoçar na primeira classe e o avião faria tudo sozinho", disse James Blaszczak, hoje aposentado, que pilotou o Boeing 777 durante oito anos para a United Airlines antes de voar com o 787 Dreamliner. Sim, é bem impressionante. No entanto, a cada momento, centenas de aviões estão voando pelo mundo, isolados, comunicando-se apenas de forma esporádica com o solo. Nesse sentido, o MH-370 é mais parecido com o *Hawaii Clipper*.

O hidroavião quadrimotor Martin 130, construído nos anos 1930, era robusto e confortável o bastante para que até 32 passageiros, acomodados em cadeiras de bambu e ratã no lounge, pudessem receber refeições quentes preparadas na cozinha por comissários de bordo de uniforme e luvas. Após o jantar, os passageiros podiam se recolher em leitos preparados com cobertores e travesseiros.

Uma tripulação de nove homens era responsável por operar o voo que levaria os viajantes da Califórnia até Manila pelo Pacífico, uma jornada de cinco dias com pernoites em hotéis insulares construídos e administrados pela companhia aérea.

A tripulação contava com um comandante, quatro copilotos, um engenheiro de voo, um operador de rádio, um navegador e um piloto aprendendo sobre navegação básica com ele: uma combinação de observação celeste e cálculo de velocidade e tempo decorrido, a navegação estimada que Pete Frey já explicou. O navegador podia ser auxiliado por um sistema de direcionamento, composto de antenas que sintonizavam estações de rádio.

"Sintonizávamos certas estações que sabíamos que podíamos usar. Naqueles tempos, uma das nossas coisas preferidas era sintonizar as estações comerciais de alta potência no litoral da Califórnia", disse Ed Dover, um operador de rádio que trabalhou na Pan Am de 1942 a 1948 e, mais tarde, passou 33 anos como controlador de tráfego aéreo. "A KGO transmitia com um sinal tão forte que dava para ouvir do meio do mar."

Com uma antena em forma de oito, operadores de rádio como Dover podiam identificar as áreas de sinais mais fortes ou fracos e usar esses dados para determinar a direção da estação. "Dava para traçar uma linha no mapa. Sabíamos onde a estação ficava; em terra, o transmissor aparecia no mapa, então podíamos conferir a direção pelos pontos cardeais e ver: 'O.k., é naquela direção, é ali que nós estamos em relação a onde a estação estava.'" Impossível não amar o termo usado para quando navegadores e operadores de rádio trocavam informações para verificar o cálculo de posição: eles chamavam de centro de confusão.

Se esse método de localização parece saído da Idade da Pedra, a tecnologia de comunicações não era muito melhor. O voo transpacífico semanal da Pan Am de San Francisco para Manila saía da Califórnia em uma quarta-feira em coordenação com dois navios que saíam na segunda, um de San Francisco, outro de Honolulu. Os navios estariam no meio de seus percursos quando o Clipper da Pan Am passasse no céu, proporcionando à aeronave uma referência de navegação e, o que era igualmente importante, algum conforto pelo fato de que alguém — mesmo 2400 metros abaixo, em um oceano escuro — sabia onde o avião estava.

Ainda assim, aquelas aeronaves enormes sempre davam um jeito de pousar exatamente onde deviam, sem o auxílio de um computador sequer.

É fácil desdenhar dos sistemas rudimentares usados nos primórdios das viagens aéreas. Mas um hidroavião de 26 toneladas conseguir decolar em San Francisco e chegar a Honolulu dezoito horas depois era definitivamente um milagre. Era, como se diz, uma façanha.

Então, as pessoas ficaram estarrecidas ao descobrir, quatro gerações mais tarde, que, apesar de todos os equipamentos sofisticados de navegação e comunicação, muitas linhas áreas ainda estão no escuro no que se refere a localização em voos transoceânicos. Assim como com os Clippers da Pan Am, a dificuldade com voos sobre o mar ainda é a falta de alcance dos radares situados em solo. Para a aeronave comunicar sua posição, é preciso fazê-lo via satélite, o que é caro. Conforme Daniel Baker, fundador e CEO da FlightAware.com, explicou, o "centro de confusão" deu lugar ao "cone de ambiguidade".

Segundo Baker, um avião que envia um relatório de localização via satélite de quinze em quinze minutos pode percorrer mais de 240 quilômetros a cada intervalo. A localização deveria ser mais precisa?

"Os satélites não sabem onde os aviões estão. A aeronave envia o sinal, e para isso é necessário que ela esteja virada no sentido certo, ou seja, de barriga para baixo. Se houver algum problema a bordo — alguma perda de controle, o avião indo direto para baixo ou para cima —, o avião não vai conseguir contato com o satélite, porque estará apontado no sentido errado", disse Baker, acrescentando: "É um enorme desafio". E, caso você imagine, como eu, que ele estava falando de possibilidades muito improváveis, Baker listou alguns desastres para servir de exemplo: o voo 990 da EgyptAir e o voo 447 da Air France. "Nós estamos no limite da tecnologia."

Conexões não causais

Há um intervalo de 76 anos entre o *Hawaii Clipper* e o voo 370 da Malaysia Airlines, e mesmo assim é possível notar semelhanças marcantes. Os dois aviões eram modernos e espaçosos, e os pilotos no comando tinham vasto treinamento e experiência. Porém, uma análise mais cuidadosa revela que, talvez, as aparências enganem. Será que Leo Terletsky, de 43 anos, era "um dos comandantes mais distintos",* como a Pan Am afirmava, ou será que ele tinha medo de voar e era tão instável que a maioria dos pilotos se recusava a trabalhar com ele, segundo Horace Brock?

Pilotos que voaram com Zaharie Ahmad Shah, o comandante do voo 370 da Malaysia Airlines, disseram que ele era apaixonado pela aviação e um verdadeiro mentor para pilotos mais jovens. "Um cara incrível, muito profissional, que estava no melhor momento de sua vida", contou-me um deles. No entanto, alguns jornalistas — ainda que sem identificar suas fontes — o consideravam um fanático político.

O hidroavião Martin 130 era uma maravilha da aviação; foi construído especialmente para ajudar a Pan Am a cruzar os oceanos, mas o piloto-chefe da empresa nos anos 1930 queixou-se de que era "instável em todos os eixos e parecia uma banheira no ar".** Embora o Boeing 777 seja muito usado e diversos

---

* *Airways*, revista institucional da Pan Am, n. 5, jul.-ago. 1938.
** *Flying the Oceans*, de Horace Brock.

pilotos o achem agradável e confiável, a lista de elementos que podem ter contribuído para o desastre de 2014 revela perigos não considerados na aeronave.

Se o Clipper da Pan Am sofreu alguma catástrofe, a área onde poderia ter caído é relativamente pequena. No entanto, se o avião foi sequestrado, a zona de busca passa a ser enorme, pois a quantidade de combustível nos tanques permitiria mais onze horas de voo. Com o voo 370 da Malaysia Airlines, o satélite do avião indicou que o Boeing 777 voou por cinco horas e 54 minutos após se ativar misteriosamente às 2h25. Assim, as estimativas sobre o ponto da queda não podiam ter uma precisão maior do que uma área que varia de 150 mil a 1,5 milhão de quilômetros quadrados.

Em 1º de junho de 2009, em uma noite de tempestade no oceano Atlântico, um Airbus A330 da Air France com 228 pessoas a bordo desapareceu durante o voo do Rio de Janeiro a Paris. Embora o avião estivesse a 1200 quilômetros do alcance de qualquer radar, os investigadores tinham uma última posição conhecida a partir de uma mensagem de ACARS transmitida via satélite. A aeronave deve ter atingido a água no máximo a sessenta quilômetros desse ponto. Mesmo assim, levaram cinco dias para encontrar os primeiros corpos e destroços à deriva e dois anos para achar o avião.

Parte do crédito por finalmente encontrarem o avião submerso cabe à Metron Scientific Solutions, uma empresa de matemáticos que usou probabilidades, lógica e números na ponta do lápis para concluir que o paradeiro provável do avião era uma faixa estreita do oceano que já havia sido vasculhada.

"Um insucesso revela onde o avião não está, e isso contribui para o conhecimento", disse Larry Stone, cientista-chefe na Metron. Isso é que é otimismo. O método da Metron se baseia em probabilidade bayesiana, teoria do estatístico e filósofo Thomas Bayes, do século XVIII, cuja primeira obra publicada, *Benevolência divina*, era igualmente otimista porque tentava provar que Deus queria que fôssemos felizes.

Pela interpretação da Metron, o uso de lógica bayesiana para procurar aviões desaparecidos significa considerar todos os dados disponíveis sobre o objeto (mesmo informações conflitantes) e atribuir graus de certeza ou incerteza para cada um deles. Tudo recebe algum peso, e tudo é revisto a cada mudança. Como Stone me explicou com tanta alegria, novas informações muitas vezes são negativas.

Durante as buscas pela aeronave do voo 447 da Air France, cientistas, matemáticos e especialistas em tecnologia submarina realizaram um trabalho de detetive muito difícil. Eles esquadrinharam uma superfície de mais de 45 mil quilômetros quadrados e um campo de destroços de quase cinco quilômetros de profundidade. Após duas temporadas de buscas, os destroços do Airbus foram encontrados na margem de uma planície não muito longe do começo de uma cordilheira submarina íngreme e irregular.

Muitas pessoas inteligentes contribuíram para a busca, mas Olivier Ferrante, na época o investigador responsável pela sonda do voo 447 da Air France no Bureau d'Enquêtes et d'Analyses [Agência de Investigação e Análise] francês, disse que eles foram beneficiados por um elemento adicional e extremamente incerto: a sorte. Ferrante me explicou que "o fato de o avião estar em um terreno plano" foi importante para que os destroços pudessem ser vistos nas imagens de sonar. "Vimos destroços não naturais e os identificamos na foto. Isso foi sorte. Se estivessem a alguns quilômetros mais a leste ou norte, ou perto da borda, não teríamos visto."

Menciono a busca do Air France nesse contexto porque é o caso mais parecido com o voo 370 da Malaysia Airlines no seguinte aspecto: como os avanços tecnológicos mais recentes são impelidos a realizar mais ainda dentro do cone de ambiguidade, definido por Daniel Baker, da FlightAware, como a distância que um avião é capaz de voar nos intervalos entre relatórios de posição transmitidos via satélite.

Embora as mensagens de ACARS tenham ajudado a delimitar a área onde o avião da Air France podia estar, a dificuldade de obter uma localização mais precisa levou a empresa de satélites Inmarsat a incrementar parte de sua rede acrescentando novos dados à transmissão de comunicações. Dois pequenos acréscimos permitem que se calcule a localização de um avião com base no tempo que demora para uma mensagem transmitida pela aeronave chegar ao destino.

"A Inmarsat chegou a modificar seus sistemas para adicionar as informações de tempo e frequência às mensagens de handshakes", disse o engenheiro Ruy Pinto, diretor de operações da Inmarsat, no prédio futurista que abriga a sede da empresa em Londres. Essa informação recém-incluída seria útil no fim de semana em que o avião do voo 370 da Malaysia Airlines desapareceu. Primeiro, mostrou que ele não caíra imediatamente, mas voara durante horas.

Depois, os dados de tempo e frequência permitiram que a empresa concluísse que o avião voou para o sul até o oceano Índico.

"Se o que aconteceu com o MH-370 tivesse sido na época do desastre da Air France, a análise que acabamos fazendo não teria sido possível", disse Pinto.

Só que, para o voo 370 da Malaysia Airlines, faltam até as informações básicas usadas pelos franceses, porque, no caso do MH-370, não houve nenhuma mensagem pelo ACARS depois de 1h07. Por isso, a área de buscas era imensa.

Levaria quase um ano e meio até o primeiro destroço do voo 370 da Malaysia Airlines ser encontrado em uma praia na ilha Reunião, ao leste da África. A essa altura, o pedaço de asa já havia percorrido uma distância muito grande e chegado tarde demais para fornecer qualquer indício de onde o avião caiu. No mínimo, a área de buscas é três vezes maior do que aquela em que o avião do voo 447 da Air France foi encontrado.

Ainda assim, a descoberta do fragmento de asa foi útil em um aspecto: para refutar a teoria de que, após desaparecer do radar, o avião havia se virado rumo ao norte e seguido em direção à Ásia e à cordilheira do Cáucaso. Um dos proponentes mais populares dessa linha de raciocínio era Jeff Wise, um comentarista da CNN que escreveu o livro *The Plane That Wasn't There*, em que ele descrevia uma trama complexa para a qual era preciso desconsiderar alguns dados do Inmarsat.

"Todas as coincidências inexplicáveis e informações conflitantes desapareceram", relatou Wise em sua hipótese alternativa, conquistando um grande espaço na revista *New York*. "A resposta ficou maravilhosamente simples."

Ele não foi a única pessoa que achou que o avião estava escondido em alguma parte remota do mundo. Thomas McInerney, um general de divisão reformado e analista militar da Fox News, disse no telejornal matutino da emissora em 2015 que o avião podia estar nos "Stãos", referindo-se aos países com nomes formados com o sufixo -stão. "Aquele avião consegue voar sem escalas dos Stãos até os Estados Unidos, em Nova York ou Washington, D.C. Poderia ser um instrumento de futuros atos contra o país."

Vou deixar esse tipo de preocupação para a audiência da Fox News. Estou mais interessada em uma descoberta preocupante que fiz enquanto trabalhava neste livro: apesar de todos os esforços aparentes para tentar desvendar o mistério do MH-370, as autoridades não parecem tão dedicadas a entender o que deu errado. Isso também não seria algo novo.

Acobertamento

Desastres aéreos têm o potencial de revelar segredos e fracassos de governos, condutas ilegais de empresas ou todas as opções anteriores. O quadro se acentua ainda mais quando a linha aérea pertence ao governo, como na Malásia e em muitos outros países.

No caso do voo 370 da Malaysia Airlines, parece que a companhia aérea tinha um segredo extremamente constrangedor: antes de o avião sumir no nada, a empresa já sabia que não tinha condições de monitorar seus aviões com a frequência exigida. Quando ocorreu o desaparecimento, no fim de março de 2014, 26 países cederam profissionais, aeronaves e navios para as buscas. O que esses países diriam se soubessem que, um ano antes, executivos da Malaysia Airlines já haviam sido advertidos justamente sobre esse tipo de problema? Na verdade, eles sabiam.

Em abril de 2013, e também em junho, vários auditores da empresa que examinaram as operações de voo descobriram diversos problemas de descumprimento de normas nacionais e internacionais de aviação. O mais alarmante era que, com os Boeings 747* e 777, aviões grandes de longo alcance e que incluem o do voo MH-370, as viagens só eram monitoradas a cada meia hora, embora a empresa fosse obrigada a saber com mais frequência a localização de cada aeronave.

---

* A Malaysia Airlines não voa mais com o Boeing 747.

Em uma apresentação aos executivos em agosto, os fiscais do departamento de Controle de Qualidade e Regulamentação disseram que o acompanhamento e a observação dos voos "não eram possíveis [...] nos intervalos estabelecidos" pelo manual do despachante de voo. De acordo com os peritos, a lei determinava que os aviões não deviam ser despachados.

Com uma advertência previdente, os fiscais lembraram aos executivos que as companhias aéreas eram obrigadas a observar e monitorar ativamente seus aviões "em todas as fases do voo para garantir que a viagem esteja seguindo a rota preestabelecida, sem divergências, desvios ou atrasos não planejados", a fim de atender às normas do governo.

Então, embora tenha sido um choque para o resto do mundo que um avião com 239 pessoas a bordo pudesse simplesmente desaparecer, não devia ser uma completa surpresa para as pessoas na central de operações da companhia, que foram avisadas sete meses antes.

Nos meses caóticos que se seguiram ao desaparecimento do MH-370, informações sobre essas auditorias foram apresentadas a Hishammuddin Hussein, na época o ministro dos Transportes interino, por funcionários da empresa que estavam preocupados com as implicações para voos futuros. Quando recebi os documentos da auditoria, estavam marcados como "Confidencial". Explicaram-me que era porque Hussein e outras autoridades do governo, mesmo após serem informados da situação, não haviam tomado providências.

A Malaysia Airlines e o Departamento de Aviação Civil também não responderam às minhas perguntas sobre a auditoria, apesar de minhas repetidas tentativas.

Claro, uma investigação significa a chegada de inúmeros bisbilhoteiros como eu, fazendo todo tipo de pergunta sobre o que não necessariamente seria divulgado se não tivesse ocorrido nenhum acidente.

Outro exemplo é o carregamento de duzentos quilos de baterias de íon-lítio no voo da Malaysia Airlines. É grande o interesse em torno da possibilidade de essa carga extremamente inflamável ter contribuído para o desastre. As caixas de baterias para walkie-talkies da Motorola não foram declaradas como carga de risco porque os malaios disseram que elas atendiam às normas internacionais referentes ao transporte seguro de bens perigosos. Mas atendiam mesmo? E a quantidade curiosamente grande de mangostões também a caminho da China? Havia cerca de cinco toneladas dessa fruta tropical no compartimento de carga. Por mais deliciosas que sejam, ou por mais apreciadas que sejam na China, trata-se de uma quantidade impressionante no manifesto de carga do avião, porque era o fim da breve e pouco expressiva época de mangostão na Malásia, que vai de novembro a fevereiro.

Se o avião não tivesse desaparecido, o conteúdo e a veracidade do manifesto de carga da empresa, e até o descumprimento das normas quanto ao monitoramento dos aviões durante o voo, teriam permanecido informações exclusivas da Malaysia Airlines. E então o mundo começou a cobrar respostas.

Quanta atenção será que a empresa e o governo estavam prestando se não se deram conta de que um Boeing 777 saiu da rota sobre as cidades mais populosas do país? O avião bem podia estar prestes a se lançar, à semelhança do Onze de Setembro, nas Torres Petronas, o orgulho de Kuala Lumpur. E ainda há a revelação constrangedora de que, após o fim das comunicações com o MH-370, os controladores demoraram cinco horas para soar o alarme e começar a procura pelo avião.

A atenção mundial dedicada a esses questionamentos não despertou o melhor dos líderes malaios, que se mostravam ora confusos, ora agressivos, e de modo geral indiferentes às perguntas sobre a investigação. Na época, todas as informações eram fornecidas por Hishammuddin Hussein, que era o mais interessado em não abrir o jogo. Quando o avião desapareceu, Hussein não era apenas o ministro dos Transportes interino, mas também o ministro da Defesa. O desempenho dos dois ministérios no dia 8 de março poderia ser descrito, na melhor das hipóteses, como fraco ou, em termos menos delicados (embora mais corretos), negligente. No entanto, em matéria de hipérboles, o ministro era um mestre. A certa altura, ele descreveu a busca como "a mais difícil da história da humanidade". Assim, é de pensar se as coletivas de imprensa diárias, realizadas em três idiomas, mas com poucas informações novas a oferecer, pretendiam confundir, ou se isso era só um bônus involuntário.

A falta de transparência leva a uma consequência: "Vão surgir conjecturas", explicou Jesse Walker, editor da revista *Reason* e autor do livro *The United States of Paranoia: A Conspiracy Theory*, de 2014. "Quando se tem carta branca para imaginar, as pessoas vão preencher as lacunas com histórias que sejam interessantes, instigantes e plausíveis para elas — mesmo indo contra os dados, porque é assim que elas esperam que o mundo funcione", disse ele. "Elas se inspiram nas narrativas que conhecem e acham atraentes."

Após estudar diversos casos de acidentes acompanhados de teorias conspiratórias intransigentes, cheguei à conclusão de que a melhor tática para um investigador interessado em esconder alguma coisa é estimular essas teorias. A história não precisa ser convincente; só precisa de um pequeno embalo, e depois disso o público faz o resto.

Quando McInerney, o comentarista da Fox News, chamou atenção para os "Stãos" um ano após o desaparecimento do MH-370, a ATSB já havia descartado havia tempos a informação da Reuters de que o avião realizara uma série de subidas e descidas em uma tentativa de evitar o radar. A duração do voo indicava que o avião havia operado com o máximo de eficiência. Isso simplesmente impossibilita tais manobras para cima e para baixo, que consomem mais combustível; caso contrário, o avião teria ficado sem combustível mais cedo. E, no entanto, lá estava McInerney, com a credibilidade de um general do Exército, descrevendo os gestos deliberados do piloto para a audiência de 1,6 milhão de espectadores da emissora.

"Ele faz a curva no ponto de referência e, de repente, sobe para 45 mil pés (13 700 metros), o que significa que ele quer despressurizar o avião. Depois ele desce para 23 mil pés (7 mil metros) e volta a subir para 35 [mil pés, ou 10 700 metros] de novo", disse McInerney, enquanto uma simulação do voo que ele descrevia aparecia no outro lado da tela dividida. "Ele eliminou as pessoas na cabine que seriam uma ameaça", disse, e imagino que ele estivesse sugerindo ao público que o piloto pretendia despressurizar o avião para matar os passageiros. "E agora", continuou McInerney, "do nada, o avião desaparece."

Para Jesse Walker, conjecturas criadas para preencher lacunas são o resultado inevitável de um vácuo de informações. O sobe e desce do avião é um exemplo. Não estou sugerindo que a invenção de histórias tenha sido um esforço premeditado da Malaysia Airlines, mas o efeito, intencional ou não, foi uma incerteza quanto aos fatos que persiste até hoje.

O primeiro grande acidente sobre o qual escrevi foi a queda do voo 800 da TWA em 1996, que cobri quando era correspondente da CNN. Boa parte do meu livro *Deadly Departure* tratava das possíveis causas para que um avião explodisse ao sair do espaço aéreo de Nova York a caminho de Paris. Era impossível escrever sobre o voo 800 da TWA sem abordar teorias alternativas, como a hipótese de que o avião havia sido abatido pela Marinha americana ou por um submarino iraniano.

No dia em que o acidente completou dezessete anos, uma emissora de televisão on-line disponibilizou um documentário que pretendia, segundo a chamada publicitária, "desmascarar uma suposta operação promovida por diversos órgãos para acobertar o que aconteceu de fato". De acordo com o programa de noventa minutos, objetos disparados contra o avião causaram uma explosão, embora não se explicasse o que tinha sido, nem como ou por quê. O propósito do filme foi sugerir que 230 pessoas foram assassinadas e que o National Transportation Safety Board e o FBI esconderam a verdade do público.

O documentário fazia parte de uma campanha que incluía uma petição para que o NTSB reconsiderasse seu laudo de causa provável sobre o desastre. O órgão empregara quatro anos e 20 milhões de dólares à investigação. Milhares de pessoas foram consultadas, oriundas de instituições acadêmicas, comerciais e de pesquisa, e a conclusão foi de que a estrutura do 747 permitira que os vapores dentro do tanque central de combustível do avião ficassem tão quentes a ponto de provocar uma explosão. Esse risco existia em muitos aviões durante voos normais. A partir de testes realizados pelo NTSB em um laboratório no Instituto de Tecnologia da Califórnia, o NTSB determinou que o tempo que um tanque de combustível de um avião podia ficar nesse estado, a uma faísca do *bum*, era de mais ou menos um terço de sua duração de vida operacional.

Ainda que o NTSB nunca tenha estabelecido a causa exata da explosão no voo 800 da TWA, a percepção de que os aviões estavam em grande risco levou o Departamento de Transportes a exigir mudanças.

O NTSB recusou o pedido de reabertura da investigação sobre o voo 800 da TWA, mas toda a comoção jornalística cumprira seu propósito, aumentando os acessos no canal on-line onde o documentário* foi disponibilizado.

Deadly Departure foi publicado anos antes da produção do documentário e sugeria outro tipo de acobertamento, referente a uma falha de projeto sobre a qual você lerá mais adiante neste livro e que hoje é reconhecida pela indústria. Mas, se você perguntar às pessoas o que elas se lembram do voo 800 da TWA, a maioria vai dizer algo sobre o avião ter sido abatido por um míssil.

---

* Spencer Rumsey, "TWA Flight 800 Exposé Takes Off at Stony Brook Film Festival". *Long Island Press*, 8 jul. 2013. Disponível em: <http://www.longislandpress.com/2013/07/08/twa-flight-800-expose-takes-off-at-stony-brookfilm-festival/>. Acesso em: 7 mar. 2017.

Perdido no mar

As teorias sobre o que aconteceu com o *Hawaii Clipper* e o voo 370 da Malaysia Airlines têm mais um elemento em comum: o provincianismo. O fato de a população da Malásia ser majoritariamente muçulmana inspirou algum grau de nervosismo no Ocidente quanto à possibilidade de que a perda do MH-370 fosse obra de extremistas islâmicos. Em 1938, quando o *Hawaii Clipper* desapareceu, suspeitas recaíram sobre os japoneses.

Entre a Primeira e a Segunda Guerra Mundial, o oceano Pacífico era uma zona de intriga geopolítica. Os Estados Unidos estavam ansiosos para reforçar sua presença no Pacífico, mas o Tratado Naval de Washington de 1922 impedia qualquer incremento militar nas ilhas a oeste do Havaí. Portanto, quando a Pan American Airways solicitou ao governo americano permissão para estabelecer estruturas de serviço para hidroaviões civis em Midway, Wake, Guam e nas Filipinas, os interesses da companhia se alinharam aos das Forças Armadas. A Pan Am construiria bases com estações de rádio, usinas elétricas, estoques de combustível, operações de manutenção e hospedagem, para ter pontos de escala para os voos transpacíficos. Quando as restrições do tratado expirassem, em 1936, as Forças Armadas poderiam tirar proveito dessa infraestrutura.

Os Estados Unidos também estavam ávidos por pistas de pouso terrestres na região, um projeto de Gene Vidal, pioneiro da aviação e diretor do Bureau of Air Commerce. Vidal já havia participado da criação de três linhas aéreas

— Eastern, TransWorld e Northeast — e achava que hidroaviões não tinham tanto futuro. Em 1935, ele acompanhou a colonização de três ilhas pequenas que proporcionariam acesso aéreo à Austrália, à Nova Zelândia e a Cingapura pelo sul do Pacífico e obteve financiamento do governo federal para construir um aeródromo em uma delas, a ilha Howland.

O primeiro uso desse aeródromo seria como parada de reabastecimento para a iminente jornada de volta ao mundo de Amelia Earhart. O tão aguardado voo proporcionou a justificativa perfeita para construir uma pista com estrutura de abastecimento e serviços em uma área de forte presença japonesa.

Pense em uma combinação da fama e da influência de Angelina Jolie com a presença constante das Kardashian na mídia para ter uma ideia do nível de adoração de que Earhart desfrutava na década de 1930. Ela era uma mulher no que talvez fosse o primeiro esporte radical da era industrial.

Claro, no pequeno mundo dos primeiros aviadores, havia quem contestasse a habilidade de voar de Earhart, seus equívocos ocasionais e sua decisão de insistir quando talvez fosse mais sábio esperar. E ela também nunca conseguiu dominar o rádio, que era fundamental porque não se tratava apenas de uma forma de se comunicar, mas também um meio de determinar a direção. Ainda assim, são limitações comuns. Amelia Earhart entrou para a história graças às suas qualidades extraordinárias, como tenacidade e coragem. E ela se casou com um homem disposto a fazer mais do que apoiar sua carreira pouco convencional. George Putnam era o sr. Amelia Earhart, dedicado a promover a Primeira-Dama da Aviação.

Earhart foi a primeira mulher a atravessar o oceano Atlântico de avião e a primeira a voar sozinha pelo Pacífico de Honolulu ao território continental dos Estados Unidos. Embora ela não tenha sido a primeira piloto mulher, foi a mais conhecida por usar sua carreira no céu para promover a igualdade das mulheres em terra.

Sempre se esforçando para realizar novas conquistas, Earhart partiu de Miami em 1º de junho de 1937, com o objetivo de dar a volta ao mundo pela linha do equador. Era uma empreitada marcada por adversidades, incluindo o fato de que seu navegador, Fred Noonan, tinha problemas com a bebida. No meio da expedição, uma semana antes de atravessar o Pacífico, a parte mais difícil, ela reclamou com o marido sobre a bebedeira de Noonan. Segundo o livro *Amelia Earhart: The Final Story*, do escritor Vincent Loomis, Earhart contou ao marido que Noonan estava "bebendo de novo, e eu nem sei onde ele arranja isso!".

Noonan havia sido o principal navegador do Pacífico na Pan Am, tinha licença de piloto e de capitão de longo curso e compunha cartas e mapas com as rotas que os pilotos usariam para chegar à Ásia. Ele foi o navegador no primeiro voo do *Hawaii Clipper* com passageiros pagantes. Portanto, seu alcoolismo devia ser acentuado para ter custado seu emprego na Pan Am, segundo diversas fontes. No entanto, com a saída da Pan Am, ele ficou disponível para o voo ao redor do mundo de Earhart.

A habilidade de orientação de Noonan era extraordinária. Tinha que ser, porque a última parte da exaustiva viagem seria o voo transpacífico de 11 mil quilômetros até o novo aeroporto de Vidal, na ilha Howland, com 1,5 quilômetro de largura por três de comprimento. A partir de Lae, em Nova Guiné, seria uma viagem de dezoito horas e 4113 quilômetros.

Após dois dias de preparativos no avião e de espera por condições climáticas favoráveis, Earhart e Noonan decolaram da pista tropical de Lae às dez da manhã do dia 2 de julho. Em seu diário da viagem, publicado postumamente como *Last Flight*, Earhart escreveu que ainda pretendia chegar à Califórnia a tempo do Quatro de Julho.

Earhart e Noonan voaram o dia inteiro e noite adentro, cruzando a linha internacional de data e passando por um navio que confirmou a operadores de rádio em terra que o avião estava na rota certa.

Às 2h45, o operador de rádio do *Itasca*, uma embarcação da Guarda Costeira que estava esperando perto da ilha para orientar o pouso do Lockheed Electra de Earhart, começou a receber mensagens de rádio. Às 7h42, próximo à hora de chegada estimada de Earhart, as mensagens estavam ficando estranhas. *Nós devemos estar em cima de vocês, mas não conseguimos vê-los. Mas o combustível está acabando. Não conseguimos contatá-los pelo rádio. Estamos voando a mil pés (trezentos metros) de altitude.* A mensagem seguinte também era preocupante: *Estamos voando em círculos, mas não conseguimos escutá-los.*

Earhart e Noonan nunca encontraram a ilha Howland. Sua última mensagem foi enviada às 8h44.

Ao circum-navegar o equador do oeste para o leste, Earhart sabia que havia deixado a parte mais difícil da viagem para o fim. "Howland é um ponto tão pequeno que toda ajuda para localizá-la precisa estar disponível", escreveu ela. Earhart ficaria "feliz quando deixarmos para trás os perigos desta navegação".

Earhart não estava expressando só sua própria preocupação. Durante a fase de planejamento, outras pessoas alertaram sobre o fato de que seu plano não era viável. Brad Washburn, navegador, explorador e professor de Harvard, passou uma noite repassando os detalhes com Earhart. Ele receava que ela não conseguiria localizar Howland sem sinais de rádio para servir de referência. Mark Walker, o copiloto da Pan Am que desapareceria com o *Hawaii Clipper* um ano depois, disse que o desafio era impossível. Em carta à *Shipmate*, a revista de ex-alunos da Escola Naval dos Estados Unidos, Robert Greenwood, primo de Walker, escreveu que, no começo de 1937, a Pan Am designou Walker para ajudar Earhart e Noonan no planejamento da etapa da viagem no Pacífico. Greenwood disse que seu primo instou Earhart a não se arriscar com "um golpe publicitário tão insensato" e a alertou de que "seu equipamento era quase inadequado".

Além da preocupação com o equipamento insuficiente de Earhart, Walker tinha um receio especial quanto a sequestradores japoneses. Tudo bem, talvez ele fosse um pouco paranoico. Disse a Mary Ann Walker, sua irmã mais nova, que recebera ameaças pessoais dos japoneses por ter participado da proteção de imagens de cinejornal captadas durante um ataque aéreo japonês contra a canhoneira americana *Panay*, em 1937. Ainda assim, ele não foi o único a imaginar circunstâncias sombrias quando Earhart desapareceu a caminho da ilha Howland.

Earhart e Noonan tinham histórias pessoais que, aos olhos de um cético, sugerem que talvez estivessem seguindo motivações secretas durante o voo. Charles Hill, autor de *Fix on the Rising Sun*, sugere que Earhart desertou para o Japão, deixando Noonan de presente para o país, junto com sua preciosa habilidade como navegador e seu profundo conhecimento sobre as rotas aéreas da Pan Am. Outras teorias afirmam o contrário: que Earhart era uma espiã americana e aceitara a missão de voar sobre as ilhas japonesas do Pacífico para tirar fotos e avaliar o acúmulo de tropas.

Por mais absurdas que fossem, as teorias demonstram que as pessoas já estavam inquietas e dispostas a acreditar em praticamente qualquer coisa quando o *Hawaii Clipper* da Pan Am sumiu no Pacífico tal qual havia acontecido com Earhart menos de um ano antes. Além dos fatos básicos do voo (quem, quando e onde), eram escassas as informações sobre o que acontecera com o hidroavião, e isso alimentou as especulações.

Horace Brock estava em Manila, esperando a chegada do *Hawaii Clipper*. Em sua autobiografia, *Flying the Oceans*, ele diz ter pegado um táxi para a base aérea do Exército americano em Clark Field ao saber que o avião estava atrasado e provavelmente havia caído. Entrou de supetão na sala do comandante, querendo saber por que os B-16 não estavam saindo em busca do avião desaparecido. Segundo Brock, o comandante foi compreensivo, mas firme. "Filho, meus homens também têm famílias, esposas e filhos. Eles não têm experiência de navegação. Duvido que qualquer um deles conseguisse voltar." Sobrevoar imensas porções do oceano nas décadas anteriores ao GPS não era para os fracos.

Para Brock, a culpa da tragédia foi uma combinação de clima adverso e falta de perícia do comandante Terletsky. No entanto, funcionários da Pan Am espalhados por Manila eram assediados por pessoas que insistiam que os japoneses haviam capturado o avião.

A busca pelo Clipper continuava no dia 4 de agosto de 1938 quando a agência de notícias Hearst International News Service publicou uma reportagem chocante. Agentes do FBI estavam infiltrados desde janeiro na base de Alameda da Pan Am para tentar "impedir qualquer sabotagem" contra a empresa e "proteger a rota aérea particular mais ambiciosa da nação". Um memorando para J. Edgar Hoover, o diretor do FBI, com data de 5 de fevereiro, confirma que, sete meses antes do desaparecimento do *Hawaii Clipper*, a agência investigava a possibilidade de vandalismo nos hidroaviões da Pan American Airways. O memorando foi obtido pelo pesquisador e documentarista Guy Noffsinger, amparado pela Lei de Liberdade de Informações, em seus esforços constantes para descobrir o que aconteceu com o avião. Após a perda do Martin 130, o secretário de Comércio interino enviou uma carta a Hoover para agradecer por informações "relativas à possível sabotagem associada a embarcações da Pan American Airlines [sic]". Em todo o processo, a Pan Am agiu com discrição; ao repórter da Hearst, a empresa disse que "todas as linhas relevantes" estavam sendo investigadas.

Durante muitos anos, não houve acréscimos às teorias complexas sobre o *Hawaii Clipper*, e, quando aconteceu, foi quase por acaso. Em 1964, em sua busca por Earhart, Joseph Gervais investigava se os destroços de um avião antigo na ilha de Truk no oceano Pacífico eram do Electra da aviadora. Não eram, mas, tendo viajado 8 mil quilômetros, não custaria nada conversar com a população local e ouvir suas histórias. De acordo com os habitantes, quinze pessoas chegaram no avião antes do começo da guerra e foram levadas pelos japoneses, que usavam Truk como base aérea. As pessoas foram executadas e seus corpos enterrados debaixo de uma laje de concreto.

Por incrível que pareça, após ouvir o relato, a resposta de Gervais foi: "Não estou interessado em um avião com quinze pessoas. Estou interessado em um avião com duas, um homem e uma mulher". Depois, em 1980, ele mudou de ideia ao ler *China Clipper*, de Ronald W. Jackson, um livro que situa o desaparecimento do *Hawaii Clipper* no contexto do conflito no Pacífico.

Os japoneses viam com apreensão o desenvolvimento das bases aéreas da Pan Am nas ilhas. Eles sabiam que as Forças Armadas americanas poderiam usá-las para contornar restrições internacionais de armamentos no oceano Pacífico. Depois do primeiro voo exploratório da Pan Am de San Francisco a Honolulu, um editorial em um jornal japonês expressou a inquietação: "Mesmo que a rota seja exclusiva de voos comerciais, quem garante que ela não será usada para fins militares em caso de emergência?".

Segundo Jackson, os japoneses decidiram prejudicar o serviço do Clipper. Na véspera do voo transpacífico inaugural de 22 de novembro de 1935, agentes do FBI prenderam dois cidadãos japoneses que haviam se esgueirado para dentro do *Hawaii Clipper* enquanto o hidroavião estava no porto da base de Alameda, do outro lado da baía de San Francisco. Os dois estavam mexendo no sistema de direcionamento via rádio do avião, essencial para a navegação pelo vasto oceano. A empresa abafou o caso. Em 5 de janeiro de 1936, quando outro comandante da Pan Am estava taxiando com o mesmo hidroavião por um canal na baía de San Francisco, o casco foi rasgado por várias estacas de concreto cravejadas de barras de ferro que estavam logo abaixo da superfície. Ninguém sabia quem havia colocado aquilo lá. Mais uma vez, a suspeita de vandalismo foi acobertada.

A partir desses relatos, Jackson concluiu que o *Hawaii Clipper* foi sequestrado por japoneses clandestinos que haviam embarcado no avião durante o pernoite em Guam. Essa hipótese era fundamentada por um laudo do FBI feito por William L. MacNeill, ex-fuzileiro naval dos Estados Unidos que trabalhou para as Forças Armadas e para a Pan Am no povoado de Sumay durante três anos na década de 1930. MacNeill afirmava que uma célula de espionagem atuava em Guam e que os japoneses tinham "todas as oportunidades do mundo para instalar uma bomba-relógio em qualquer navio ou avião que chegar". Tudo isso convenceu Gervais de que o mistério da Pan Am merecia mais uma olhada. Sua atenção, antes concentrada em Earhart, se ampliou.

Faço uma pausa aqui para destacar que, dez anos antes de decidir que havia topado com o destino final do *Hawaii Clipper*, Gervais foi coautor* de *Amelia Earhart Lives*, um livro que alegava que ela sobreviveu ao cativeiro japonês durante a guerra e, mais tarde, voltou aos Estados Unidos, assumindo uma nova identidade como Irene Bolam. Gervais conheceu Bolam, que na juventude fora piloto privada, por intermédio de um amigo em comum em um clube de aviação de Long Island. Dizia-se que Bolam era muito parecida com Earhart, o que levou Gervais a acreditar que ela de fato *era* Amelia Earhart. Havia diversos problemas com essa teoria, e o mais significativo era a insistência por parte de Bolam de que ela não era Earhart. Portanto, leve isso em conta enquanto descrevo as conclusões de Gervais.

Em 1980, Gervais foi convidado para encontrar um grupo de mecânicos aposentados da Pan Am da época da Segunda Guerra Mundial dispostos a ver as fotos do avião que ele encontrou em Truk dezesseis anos antes e a considerar a possibilidade de que os passageiros e a tripulação do *Hawaii Clipper* foram sepultados lá. Os dezesseis ex-funcionários da Pan Am logo concluíram que o avião não era um Martin 130 e, dois dias depois, enviaram à diretoria da empresa uma recomendação para desaconselhar uma visita investigativa à ilha, de acordo com documentos no arquivo histórico da Pan Am na Biblioteca Richter da Universidade de Miami.

A meu ver, a reunião com Gervais passa a impressão de que a empresa estava tentando encontrar a verdade, mas, em um memorando aos executivos, James Arey, então diretor de relações públicas e institucionais, escreveu que a posição oficial da companhia não havia mudado. Como sempre, "o Clipper se perdeu em uma tempestade".

Contudo, dez anos antes, Juan Trippe, fundador e presidente da Pan Am, tinha uma opinião bem diferente.

Em um memorando que Guy Noffsinger encontrou nos arquivos da empresa, Harvey L. Katz, o antecessor de Arey no departamento de relações

---

* Com Joe Klaas.

públicas, detalha uma reunião com Trippe em 26 de agosto de 1970, quando o CEO recém-aposentado soltou esta informação surpreendente: "O sr. Trippe disse que, depois da guerra, o departamento da Marinha lhe contou que os japoneses se esconderam na aeronave e assumiram o controle no meio do voo", escreveu Katz. Havia mais: "A aeronave então foi levada até uma base japonesa, onde os motores foram estudados e, segundo o sr. Trippe, copiados minuciosamente para serem usados em caças japoneses. Ele disse que os passageiros e a tripulação foram mortos". Katz escreveu esse memorando para John C. Leslie, um diretor de relações internacionais da Pan Am.

Então, por que a empresa não estava aberta ao relato de Gervais? O erro do caçador de desastres, na opinião de Charles Hill, foi condicionar toda a teoria do sequestro aos destroços que ele havia fotografado em Truk nos anos 1960. A comissão de análise da Pan Am disse que se tratava de um Sunderland britânico, um hidroavião quadrimotor da mesma época usado pela RAF, a Força Aérea britânica, durante a guerra. O erro de identificação da aeronave permitiu que a comissão refutasse todas as alegações de Gervais.

Em *Fix on the Rising Sun*, Hill às vezes trata de forma elogiosa os relatos de Jackson e Gervais, enquanto em outras se contradiz, e com frequência o livro é incompreensível. A obra chega a incluir alguns dos mesmos detalhes que Trippe revelou, e a teoria de Hill é perturbadoramente similar à proposta por Jeff Wise para o desaparecimento do voo 370 da Malaysia Airlines.

Tanto Hill quanto Wise, dois investigadores informais, sugeriram que os aviões foram sequestrados durante o voo por intrusos com domínio técnico que assumiram o controle e depois transmitiram informações enganosas. Pela teoria sobre o *Hawaii Clipper*, os sequestradores obrigaram os pilotos a voar até uma ilha controlada pelos japoneses. No voo 370 da Malaysia Airlines, os sequestradores eram ucranianos, e o destino era o Cazaquistão, controlado pela Rússia. Na versão de Hill, a tripulação estava desesperada para dissimuladamente comunicar seu suplício às estações em solo apesar da vigilância cerrada dos agressores japoneses — então McCarty, o operador de rádio da Pan Am, transmitiu referências de navegação falsas, uma espécie de código que, ao ser decifrado, indicaria ao receptor da mensagem a localização de três bases japonesas de hidroaviões no oceano Pacífico. A mensagem seria: "Os japoneses nos pegaram".

Na hipótese proposta por Wise para o voo 370 da Malaysia Airlines (antes que a descoberta do fragmento de asa o convencesse do erro), os sequestradores invadiram a baia de equipamentos eletrônicos pelo alçapão perto da cabine de comando. Após acessarem a unidade de dados de satélite do avião, eles a reprogramaram para transmitir sinais que enviariam informações falsas sobre o destino da aeronave, fazendo as equipes de busca e resgate se despencarem até o hemisfério errado. Com o acesso ao cérebro do avião, os agressores assumiram o controle do voo dos pilotos e voaram por controle remoto até o destino pretendido.

No caso do *Hawaii Clipper*, será que o código engenhoso de McCarty não foi compreendido pelos que receberam a mensagem? Será que os operadores de solo da empresa decifraram a mensagem, mas foram ordenados a manter sua importância em segredo? Hill não diz. A declaração oficial foi que na época, e até hoje, ninguém sabe o que aconteceu com o avião — assim como com o voo 370 da Malaysia Airlines.

"Os paranoicos me adoram", disse-me Wise quando jornalistas ainda mostravam interesse pelo que ele chamou de "teoria furada" sobre o MH-370. Jornalista científico encantadoramente discreto com brevê de piloto privado e uma queda por questões técnicas, Wise não é um nerd enfurnado no porão que vive inventando conspirações sobre potências estrangeiras hostis e hackers malignos *à la* Ernst Blofeld. Bom, talvez seja um pouco, mas ele não esperava que o mundo acolhesse seu ponto de vista. Ele só queria a possibilidade de ser considerado.

Nunca acreditei na ideia de Wise sobre "ir ao norte para o Cazaquistão", mas concordávamos em uma coisa. A informação mais problemática, a que abre caminho para se considerar a possibilidade de alguma invasão do sistema eletrônico, é que, depois que o MH-370 desapareceu do radar, o sinal enviado ao satélite se perdeu de forma inexplicável durante uma hora e vinte minutos. Algo interferiu na unidade de dados de satélite, ou UDS. É por isso que eu tinha tanto interesse nos danos causados pela água na baia E&E do voo da Qantas rumo a Bangcoc em 2008 e em casos semelhantes.

"Ninguém tentou mergulhar na questão crucial dos dados, a reinicialização da UDS", explicou-me Wise, acrescentando que a maioria dos pilotos não saberia desativar o sistema de comunicação via satélite. Para Wise, isso exige maior análise. "Isso, para mim, indica que alguém fez alguma intervenção, e um equipamento que tenha sido alterado... a gente precisa colocar um asterisco aí."

A teoria furada de Wise exigia que se imaginasse uma trama estatal que incluísse diversas pessoas com conhecimento detalhado dos mecanismos internos de uma máquina sofisticada que operava com computadores. Ela chama atenção para a possibilidade preocupante de que aviões podem ser capturados eletronicamente. Nesse sentido, Wise é a voz de uma pequena comunidade de pessoas que alertam para o fato de que isso é mesmo possível. O avião digital superou a capacidade da indústria de se proteger contra todas as ameaças cibernéticas.

Em uma apresentação na Black Hat de 2014, um congresso sobre segurança e informática, Ruben Santamarta, um especialista em cibersegurança de Madri, demonstrou como invadiu a UDS de um avião pela conexão SwiftBroadBand da Inmarsat. Santamarta disse que conseguiu contornar as barreiras de segurança normais e se conectar ao avião usando o protocolo de nomenclatura padrão da indústria.

Após entrar na rede de dados do satélite, o hacker pode "alterar configurações, reinicializar ou desligar o terminal, fazer coisas terríveis", disse à plateia. "É óbvio que não vamos derrubar aviões a partir dessas vulnerabilidades, é bom deixar claro", disse Santamarta. "Esses ataques... é possível usar isso para comprometer ou alterar conexões de dados com o satélite."

A afirmação de Santamarta foi questionada pelo argumento de que a falta de acesso dele a equipamentos de fato usados pelas companhias aéreas lança dúvidas sobre suas conclusões. Ainda assim, se é algo teoricamente possível, precisa ser considerado um risco; algo que a indústria deveria analisar — para ontem.

É uma sorte para Wise ter visto sua teoria alternativa ser refutada de forma satisfatória. Estar errado não é tão ruim se acaba proporcionando paz de espírito. Para Guy Noffsinger a história é outra. "Estou pensando no longo prazo", contou-me ele depois de mais de cinco anos perambulando pelas muitas vielas do enigma do Clipper da Pan Am. Ele está esperando alguma conclusão satisfatória, que, assim como o hidroavião, não aparece em lugar nenhum.

Parte dois

Conspiração

*O mero fato de que você é paranoico não significa
que eles não estejam atrás de você.*

JOSEPH HELLER, *ARDIL-22*

Um pouco de desconfiança

Se Juan Trippe, com todos os seus contatos políticos, sabia que o *Hawaii Clipper* fora tomado pelos japoneses em 1938, a decisão de transmitir a informação em uma conversa com um executivo de relações públicas em 1970 foi uma forma muito limitada de pôr tudo em pratos limpos. Portanto, embora sua confirmação impressionante para a antiga teoria sobre o hidroavião acrescentasse mais um elemento curioso à história, ela não chegou a conferir nenhuma certeza.

Ah, certeza. Antes de começar a escrever este livro, eu não fazia ideia de como a certeza podia ser arredia em investigações de desastres aéreos. Porém, quanto mais acidentes eu via, mais elementos estranhos eu encontrava.

O caso do voo 522 da Helios parecia simples até 2011, quando consultores contratados por um mecânico e três executivos da empresa, todos sujeitos a responder criminalmente pelo desastre, reexaminaram os destroços para montar sua defesa e chegaram a uma conclusão diferente dos resultados oficiais. Com o apoio de Ron Schleede e Caj Frostell, já aposentado da Organização Internacional de Aviação Civil, eles pediram para que a investigação fosse reaberta.

Schleede e Frostell haviam questionado se os pilotos deixaram de pressurizar a aeronave, fundamentados em parte pela análise do botão seletor que tinha sido encontrado na posição Desligado no local do acidente. Quando os consultores o examinaram, acharam que as marcas na parte de trás eram sinal de que o botão talvez tivesse sido girado para a posição Desligado no momento do impacto no solo, e não de que os pilotos não haviam pressurizado o avião na hora da decolagem. Isso significava que se tratava de falha mecânica, e não de erro humano. A Boeing não concordou; os gregos e os, americanos decidiram não reabrir o caso. O laudo oficial fora publicado; o público já tinha esquecido a história.

Um desastre aéreo domina os jornais até a notícia seguinte. No entanto, para as pessoas envolvidas, a investigação — com todos os seus detalhes tediosos e áridos — é de enorme importância. Pessoas podem ser presas, a exemplo do que aconteceu com os funcionários da Helios. Companhias aéreas e fabricantes podem ser processadas e multadas, obrigadas a realizar mudanças custosas de projeto e operação, e submetidas a novas regulamentações. A negligência de autoridades de aviação pode ser revelada, bem como segredos de governo.

Em alguns países, ao contrário do que acontece em caso de crimes, as investigações de acidentes aéreos têm participação de pessoas interessadas no resultado. A companhia aérea, os pilotos, equipe de mecânicos, controladores de tráfego aéreo, comissários de bordo, fabricantes e autoridades governamentais trabalham juntos. A ideia é de que o conflito de interesses mantenha todo mundo na linha.

Ainda assim, existe uma disparidade concreta de conhecimento. Por exemplo, quando a Inmarsat chegou à Malásia com a notícia de que seus dados do satélite poderiam ser usados para ajudar a localizar o avião, os cálculos demonstraram que o 777 voou para o sul do oceano Índico. Essa informação foi recebida com ceticismo.

David Coiley, o vice-presidente de aviação da Inmarsat, insistiu na defesa dessas pesquisas, explicando-me que os cálculos e as conclusões tinham sido submetidos à análise da comunidade acadêmica. Mas, sério, quem era a comunidade acadêmica da empresa? Isso era novidade para todo mundo. Coiley disse que nem seu próprio pessoal entendia completamente. "A gente [só] tinha como saber algumas coisas a partir de um simples handshake ou de uma conexão."

Um investigador experiente é um generalista — conhece um pouco de tudo. Por sua vez, o engenheiro que cria um microprocessador ou um sistema de comunicação via satélite é um especialista — conhece tudo sobre uma coisa só. Segundo Robert MacIntosh, ex-chefe de questões de aviação internacional do NTSB, a tendência para investigações no futuro caminhará em direção a áreas mais restritas e sofisticadas de especialização. "Vamos ter que depender cada vez mais do conhecimento técnico que obtemos dos fabricantes."

Entra aqui a trilha ameaçadora do filme *Tubarão*, porque, como afirmou o professor Lance deHaven-Smith, da Universidade Estadual da Flórida, esse viés exige que se confie em quem não é digno de confiança, nas pessoas que possuem interesse no resultado final. Ferrenho opositor, deHaven-Smith disse que as pessoas que desconfiam das ações de governos estrangeiros relutam em questionar seus próprios governos, embora devessem. "Temos uma quantidade suficiente de ocorrências para as quais o governo não nos deu explicações apropriadas", disse ele. Quando acontecem acidentes que beneficiam os poderosos, ou quando acontecem com uma frequência fora do comum, um pouco de desconfiança pode cair bem.

Havia muitos motivos para duvidar da causa do acidente que matou Dorothy Hunt, esposa do consultor da Casa Branca E. Howard Hunt, em 1972. A sra. Hunt era uma ex-agente da CIA que supostamente teria entregado dinheiro de suborno para os invasores do complexo Watergate, sede do Partido Democrata, no escândalo que levou à renúncia do presidente Richard Nixon.

Em uma tarde nublada de dezembro daquele ano, ela estava no voo 553 da United, indo de Washington para Chicago. Em meio a neve e uma chuva gelada, o Boeing 737 sofreu estol durante a aproximação ao aeroporto de Midway da cidade e caiu em um bairro residencial. Em seu laudo final, o NTSB afirmou que não foram encontrados indícios de "nenhuma condição médica que incapacitasse a tripulação, nem interferência alguma com a tripulação no desempenho de suas funções", ou seja, nenhum indício de crime. Ainda assim, vários detalhes chamavam a atenção. Hunt transportava 10 mil dólares e, antes de embarcar, havia contratado um seguro-viagem no valor de 250 mil dólares.

"É bem louco quando uma ex-agente da CIA chantageia a Casa Branca para acobertar um crime", disse deHaven-Smith sobre as circunstâncias. "E depois ela morre em um desastre de avião com 10 mil pratas? Você tem que estar maluco para não achar isso suspeito."

A investigação foi mais difícil porque o gravador de dados do voo não estava funcionando. Apesar disso, o NTSB identificou descuidos cometidos pela tripulação durante o momento crucial em que o avião estava se aproximando do aeroporto.

Ao analisar o ruído dos motores e outros sons capturados pelo gravador de voz na cabine de comando e sincronizá-los com o radar do controle de tráfego aéreo, os investigadores deduziram que os pilotos estavam tentando atender à solicitação do CTA de postergar a chegada até que outro avião pudesse liberar a pista. Com os trens de pouso baixados e os *spoilers* (freios aerodinâmicos localizados nas asas) abertos, a tripulação não manteve velocidade suficiente após nivelar o avião e chegou perigosamente perto de sofrer estol.

O voo 553 estava a mil pés de altitude, cerca de trezentos metros, pouco abaixo da altura mínima para iniciar a arremetida, quando o controlador pediu para a tripulação executar uma aproximação perdida. Exatamente nesse momento, o alarme de estol começou a soar e os pilotos recolheram os *flaps* para quinze graus e ativaram potência de decolagem.

O 737 desceu pelas nuvens em altitude nivelada e logo levantou o nariz ao bater em diversas casas, matando dois moradores de um bangalô e 43 pessoas a bordo.

Charles Colson, que fora conselheiro especial de Nixon e também acabou preso por sua participação em Watergate, diria mais tarde à revista *Time* que Dorothy Hunt foi assassinada pela CIA. A acusação ainda tem peso em meio à comunidade conspiratória. Porém, como complô de assassinato, a história não vai muito longe na escala da credibilidade.

Seria preciso o envolvimento de gente demais para executar um plano complexo que também devia levar em conta as condições imprevisíveis que fariam com que os pilotos perdessem o controle da velocidade. Assassinato por avião é um conceito que tem mais chance de funcionar na ficção policial do que na realidade.

Nos filmes, o vilão sabota o carro da vítima, que acaba caindo de um penhasco. Na aviação, entretanto, a sabotagem deve fazer mais do que provocar uma pane no mecanismo; precisa evitar detecção enquanto ativa a catástrofe no momento exato para que consiga também penetrar uma rede de segurança extremamente avançada. A menos que alguém sequestre o avião e o derrube de propósito, exploda uma bomba, lance um míssil ou comece um incêndio — e todas essas opções deixam vestígios nos destroços —, não é tão simples provocar um acidente intencional.

"O que é possível e o que não é?", pergunta John Nance, piloto de aviões de carreira aposentado e escritor, cujos livros às vezes incluem crimes cometidos a 35 mil pés (10 700 metros) de altitude. Ele sabe como é difícil pensar em uma trama de assassinato crível quando a arma é um avião. "O fator crucial é a previsibilidade; qual é a sua certeza de que A vai resultar em B? É isso que você precisa ter."

É possível sabotar peças para inventar uma trama de romance policial, como cortar os cabos dos freios, mas, na aviação, segundo Nance, os elementos mais imprevisíveis estão sentados na frente do avião. Os pilotos podem se destacar e salvar o dia ou podem fraquejar e se transformar em mais um elo de uma corrente inteira que levou ao desastre. Existem exemplos extraordinários tanto de atos heroicos quanto de fracassos realizados por pilotos, e você verá mais sobre isso neste livro. No entanto, raro é o pretendente a assassino capaz de orquestrar de antemão todos os instrumentos para a catástrofe. Às vezes, um acidente aéreo é só um acidente. Contudo, em outras ocasiões, é um enigma.

Um diplomata morre

O que os investigadores não esperam encontrar no local de um desastre aéreo é um passageiro com ferimentos à bala. Contudo, das quinze pessoas que estavam no avião junto com o secretário-geral da ONU Dag Hammarskjöld, duas haviam sido baleadas, e essa foi só uma das muitas descobertas surpreendentes. Existem várias teorias sobre o que fez o avião cair na floresta em uma noite escura de setembro de 1961. Talvez tenha sido um complô de assassinato ou sequestro, ou uma tentativa de interceptação por mercenários que pretendiam impedir a missão de paz de Hammarskjöld. Pode ter sido um problema mecânico ou um erro cometido pela tripulação. Ainda que o acidente tenha sido investigado quatro vezes, a verdade permanece um mistério.

O DC-6 fretado pela ONU estava se aproximando do aeroporto de Ndola, na Rodésia do Norte,* durante um interlúdio violento no processo de descolonização do Congo. Para todos os efeitos, os belgas haviam saído do país, mas, no estado rico em recursos naturais de Katanga, mercenários financiados por europeus continuavam auxiliando nos esforços da região de se separar da República do Congo.** Hammarskjöld queria um cessar-fogo entre os mercenários e as forças da ONU que estavam lá para prestar assistência à República do Congo. Pôr um fim à violência seria o primeiro passo de um esforço de duas

---

* Hoje Zâmbia.
** Hoje República Democrática do Congo.

etapas dedicado a reverter a secessão de Katanga. Devido a seus interesses comerciais pelos recursos da região, as potências coloniais da África — Bélgica, Grã-Bretanha e França — se opunham ao plano da ONU. Os americanos estavam preocupados com outra coisa: naqueles dias de Guerra Fria, certas facções do governo americano receavam que a União Soviética fosse tirar proveito dos conflitos na África para obter alguma vantagem.

Então, quando Hammarskjöld morreu em um acidente de avião, parecia um livro de Agatha Christie. Havia vários suspeitos.

No avião, o secretário-geral estava acompanhado de dois executivos da ONU, quatro seguranças, dois soldados e uma secretária. A tripulação era composta de seis homens, todos suecos.

Por motivos de segurança, a viagem de Hammarskjöld à Rodésia do Norte para se encontrar com Moise Tshombe, líder de Katanga, era confidencial: o avião seguiria uma rota alternativa, com vários desvios. A tripulação não falaria no rádio, usando apenas um canal de emergência atendido por um operador que se comunicaria com eles em sueco.

Mas, se a visita de Hammarskjöld era um segredo, não foi bem guardado. Jornalistas, manifestantes e pilotos mercenários estavam esperando no aeroporto, junto com Lord Cuthbert Alport, o alto-comissário britânico na região. Tshombe também estava lá, sob uma exceção especial à regra de exclusividade a brancos imposta pelo controle britânico na Rodésia do Norte.

O DC-6 sueco, chamado de *Albertina*, estava em aproximação final rumo ao aeroporto de Ndola por volta da meia-noite de 18 de setembro. Durante a última inclinação, uma das asas atingiu as árvores e, em seguida, o solo perto de um formigueiro de três metros e meio de altura. O avião o atravessou e capotou para a direita. Os hélices da asa direita, ainda girando, espalharam mais de 5 mil litros de combustível ao longo de cem metros conforme o avião desacelerava até parar. Um incêndio se espalhou pelo chão, mas era impossível determinar onde o fogo havia começado. Os indícios, as autópsias e os depoimentos de testemunhas oculares ofereciam informações conflitantes. O avião podia estar pegando fogo durante o voo; o incêndio podia ter começado quando o DC-6 caiu; ou o fogo podia ter sido reavivado após o acidente. Havia relatos que sustentavam as três possibilidades.

Per Erik Hallonquist, o comandante do *Albertina*, havia comunicado à torre pelo rádio sua chegada antecipada à 0h20. Não se sabe por que o controlador de tráfego aéreo esperou até as 2h20 para enviar um alerta sobre o atraso do avião. Talvez ele tenha sido tranquilizado por Lord Alport, que por algum motivo disse para a equipe da torre não se preocupar com o avião ausente porque Hammarskjöld provavelmente tinha alterado seus planos.

Naquela noite, John Ngongo e Safeli Soft acampavam na floresta perto do aeroporto, cuidando de um forno de carvão. O céu estava limpo e passava das 22 horas, segundo Ngongo, quando ele e Soft viram um avião grande passar voando, seguido por outro menor que, pelo barulho, parecia um jato. Ngongo disse que o motor e as asas do avião grande estavam em chamas. Os dois homens chegaram ao local da queda ao amanhecer, onde viram o avião queimando e o corpo de um homem, que mais tarde eles descobriram ser Dag Hammarskjöld, afastado do avião e apoiado em um formigueiro.

Susan Williams, autora de *Who Killed Hammarskjöld? The UN, the Cold War, and White Supremacy in Africa*, escreveu que os dois foram até Timothy Kankasa, o secretário do município, para relatar o que tinham visto. Kankasa disse que isso foi entre nove horas e 9h30, mas só à tarde ele ouviu ambulâncias. Por outro lado, diversos outros moradores da região disseram ter chegado ao local dos destroços naquela manhã e encontrado o lugar cheio de soldados e policiais e cercado por cordões de isolamento.

Obviamente, não dava para ser as duas coisas. A história contada pelas autoridades da Federação da Rodésia não bate com nenhum dos dois relatos das testemunhas. As autoridades dizem que o avião só foi descoberto às 15h15, quinze horas depois de ter caído a treze quilômetros do aeroporto. Os mistérios estavam se multiplicando.

Se Kankasa chamou a polícia naquela manhã, por que eles levaram tanto tempo para chegar ao local? Se a polícia chegou lá cedo, o que ficaram fazendo e por que a hora informada de sua chegada foi 15h15? Essas perguntas não são irrelevantes porque, no meio dos destroços queimados, havia uma surpresa: um sobrevivente.

Harry Julien, o diretor de segurança de Hammarskjöld, estava com queimaduras de primeiro e segundo graus causadas pelo incêndio e pelo sol, um tornozelo fraturado e um ferimento na cabeça, mas estava perfeitamente vivo. Se as autoridades haviam demorado deliberadamente a fornecer atendimento médico a ele, qual seria o motivo?

"Sabemos que eles estavam cientes da queda; Timothy Kankasa informou as autoridades cedo, mas ninguém foi lá", contou-me Susan Williams. "As autoridades sabiam do acidente. Sabemos que havia gente lá. Sabemos que as ambulâncias não foram." O sol estava escaldante, era setembro, e Julien havia passado quinze horas de sofrimento.

"Meu nome é sargento Harry Julien, oficial de segurança da ONU", disse ele à enfermeira no hospital de Ndola. "Por favor, informe Léopoldville sobre o acidente. Diga à minha esposa e a meus filhos que estou vivo antes de divulgarem a lista de vítimas."

Harry Julien entrou no hospital com um bom prognóstico, mas, seis dias depois, sucumbiu por conta de uma falência renal. A. V. (Paddy) Allen, o inspetor da polícia que acompanhou Julien ao hospital, ficou surpreso, porque não achou que os ferimentos de Julien representassem risco à vida, acrescentando mais um elemento curioso a um caso excepcionalmente curioso.

Na ambulância, Julien ofereceu detalhes sobre o acidente para Allen e, depois, para funcionários do hospital. Um gravador em seu quarto devia ter gravado tudo o que ele disse, mas ou o aparelho estava desligado, ou as fitas desapareceram, porque os laudos contêm apenas as curtas descrições que Julien fez para a polícia, os enfermeiros e o médico, Mark Lowenthal.

"Explodiu", disse ele, quando lhe perguntaram o que havia acontecido quando o avião passou voando sobre a pista. "Estava com muita velocidade. Muita velocidade."

"E o que aconteceu depois?", perguntou o policial Allen.

"Depois, ele caiu", respondeu Julien.

Ele disse que as outras pessoas ficaram presas dentro do avião. Autópsias demonstraram que todos estavam muito queimados. Por isso, era ainda mais curioso o fato de que o corpo de Hammarskjöld estivesse fora do avião e sem queimaduras quando as testemunhas o encontraram. O diplomata pode ter sido arremessado para fora do avião e para longe das chamas no momento do impacto, ou pode ser que alguém o tenha movido.

Hammarskjöld não foi o único a ser encontrado em condições inusitadas. Um passageiro estava dentro da cabine de comando, um lugar estranho para ele durante a aproximação para o pouso, e havia os outros dois baleados.

A Federação da Rodésia e a Comissão de Inquérito de Nyasaland coordenada pelo diretor de aviação civil concluíram que os ferimentos à bala devem ter sido causados pelo incêndio, que teria detonado a munição transportada na aeronave. Os especialistas que Williams consultou para seu livro alegaram que isso não era possível. "A munição de fuzis, metralhadoras pesadas e pistolas não é capaz de, ao ser aquecida por fogo, disparar balas com força suficiente para penetrar um corpo humano", afirmou um especialista em explosivos sueco. Segundo outro, "se foram encontradas balas no corpo de qualquer vítima do acidente aéreo, elas com certeza passaram pelo cano de uma arma".

Quanto à causa da queda propriamente dita, mais de dez hipóteses já foram consideradas. Em seu livro *Disasters in the Air*, Jan Bartelski avalia as teorias e sugere uma nova.

Foi encontrado nos destroços um painel de instrumentos quase intacto na posição do comandante, e o cabo estático do altímetro estava desconectado. Em seu laudo, os investigadores na Rodésia não deram importância a esse detalhe, mas Bartelski sugeriu que o instrumento defeituoso talvez tenha levado os pilotos a acreditar que estavam em uma altitude maior do que de fato estavam ao se aproximarem do aeroporto.

Como em minha teoria para o MH-370, Bartelski admite certas suposições. Sua hipótese se baseia em sua experiência como piloto do DC-6. De acordo com ele, o *Albertina* era um DC-6B, que continha um sistema de pressurização característico: nem sempre despressurizava na aterrissagem. Em uma ocasião, um tripulante foi arremessado porta afora devido ao diferencial positivo de pressão — em uma situação semelhante ao que aconteceu com o comissário José Chiu, da American Airlines, em Miami em 2000. Por esse motivo, os pilotos que voassem o DC-6B despressurizavam a aeronave antes do pouso, a uma altitude estimada de 2 mil pés (cerca de seiscentos metros).

O comandante Per Erik Hallonquist chegou ao aeroporto de Ndola dez minutos antes da hora estimada e precisou fazer uma descida mais acentuada e rápida do que o planejado, abrindo uma válvula de emergência para liberar pressão na cabine a uma altitude maior. Segundo Bartelski, essa mudança drástica e repentina "pode ter provocado um efeito catastrófico no cabo flexível" que levava ao altímetro. Para ir de um cabo estático desconectado a uma aproximação em uma altitude seiscentos pés (duzentos metros) menor do que o necessário, é preciso que haja uma série de equívocos, junto com características específicas do DC-6 e certas leis da física.

"Não estou dizendo que não pode ter acontecido assim; pode", disse Nick Tramontano, que voou e trabalhou em aviões DC-6 durante sua carreira na Seabord World Airlines.* Quando lhe pedi que analisasse a teoria do altímetro pifado, ele disse que daria uma olhada e o compararia com os manuais de manutenção do DC-6.

Tramontano explicou que os altímetros individuais do piloto e do copiloto poderiam ter apresentado a mesma informação, nesse caso incorreta, se o comandante tivesse trocado a fonte estática para a alternativa, a posição em que o botão estava no local do acidente.

Bartelski afirma que os investigadores não conheciam tão bem quanto deveriam as características específicas do DC-6B, o que os levou a ignorar esse indício importante nos destroços.

Exceto pela explicação detalhada de Bartelski, praticamente todas as outras teorias possuem algum elemento malicioso, coerente com a violência e o caos dos últimos dias de colonialismo na África Central. Houve pilotos mercenários que confessaram ter abatido o avião. Outros se gabaram em público do ato. Esses comentários eram plausíveis. No voo anterior ao que fora para Ndola, o *Albertina* tinha sido atingido por disparos de metralhadora de forças de Katanga em Elizabethville,** e o dano foi consertado. Pessoas no local do acidente viram buracos na fuselagem que podiam ter sido causados por armas de fogo. No entanto, a investigação na Rodésia concluiu que os tiros que atingiram o avião não teriam sido capazes de comprometer os controles de voo a ponto de derrubá-lo.

Uma equipe independente formada pela Organização das Nações Unidas trabalhava em paralelo aos rodesianos. A equipe da ONU contratou Max Frei-Shulzer, microbiólogo e cientista forense, para determinar se o avião tinha sido atacado.

A contratação de Frei-Shulzer é curiosa. Seu trabalho para a polícia de Zurique envolvia análise de caligrafia e uso de fita adesiva para retirar indícios de superfícies — pense em impressões digitais e fibras residuais —, mas ele não possuía experiência alguma com aviação ou metalurgia. Sua técnica para descobrir se havia balas na fuselagem consistia em derreter 1800 quilos de

---

* Mais tarde batizada de Flying Tigers.
** Hoje Lubumbashi.

alumínio fundido e procurar a presença de outros metais. Bartelski descreve o método como "um processo metalúrgico extremamente complexo que exige um controle preciso de temperatura". Depois de transformar o avião em sopa, Frei-Shulzer disse ser capaz de "excluir a possibilidade de atos hostis provenientes do ar ou do solo". Ele também descartou sabotagem.

Em 1962, a comissão de inquérito rodesiana repetiu a conclusão de Frei-Shulzer, afirmando que o acidente foi "provavelmente resultado de erro humano". A completa rejeição da possibilidade de agressão contra a aeronave não foi aceita pela ONU na época, nem em sua revisão de 2015. No entanto, essas e outras contradições foram examinadas inúmeras vezes conforme pessoas associadas ao caso forneciam novas informações e a tecnologia forense progredia. Ainda assim, não é possível rever alguns aspectos inexplorados do acidente após meio século.

Por exemplo, segundo o investigador de segurança aposentado MacIntosh, não teria como reconstituir alguns dos fatores cruciais que afetaram o desempenho dos pilotos. "A questão de ter sido uma aproximação noturna, quando todo mundo está olhando pela janela e ninguém olha para o altímetro, e você acha que está nivelado, mas não está, esse tipo de coisa nunca vai ser discutido." Após voar em diversas missões no Congo pela Força Aérea americana, MacIntosh saiu da região duas semanas antes do acidente com Hammarskjöld. Seu interesse no que aconteceu não diminuiu.

Contudo, a responsável pela última retomada do mistério de Hammarskjöld não é cientista, profissional da aviação nem criminologista. Susan Williams é uma historiadora britânica especializada na África. Em todas as suas viagens de pesquisa ao continente, ela sempre encontrava algum fio da trama de mistério que estava implorando para ser puxado. E ela juntou uma quantidade suficiente de fios a ponto de compor sua própria tapeçaria complexa que inclui análises independentes de memorandos, depoimentos de testemunhas e fotografias dos corpos. É convincente seu argumento de que, durante o período conflituoso que marcou o começo do fim do colonialismo na África Central, o que aconteceu a Hammarskjöld provavelmente foi intencional. O acobertamento só foi possível porque a Federação da Rodésia e Nyasaland eram governados pela Grã-Bretanha, que pôde controlar todos os aspectos da investigação.

Segundo Williams, houve influências nacionais, raciais, políticas e comerciais. Tentar extrair essas interferências de algo que devia ser um trabalho objetivo por investigadores de desastres aéreos seria como tentar reconstruir o *Albertina* depois de Frei-Shulzer ter derretido o avião.

A Comissão Hammarskjöld se baseou largamente no livro *Who Killed Hammarskjöld?*, de Susan Williams, quando instou as Nações Unidas a iniciar o quarto inquérito sobre o desastre no início de 2015. Após quase um ano de revisão dos indícios, uma junta formada por três especialistas deu um pequeno passo adiante ao descartar uma descida descontrolada e, portanto, uma explosão no ar. A junta concluiu que o panorama mais provável era de voo controlado até o solo, com base no rastro de árvores derrubadas ao longo da parte final do trajeto de voo e na maneira como os destroços estavam espalhados. Esse pequeno avanço não explica o que fez os pilotos voarem tão baixo. Ainda assim, para Williams, é estimulante.

"A verdade está começando a surgir, e isso me deixa empolgada", contou-me Williams, acrescentando, cheia de otimismo: "Seria difícil imaginar que um acobertamento desses poderia acontecer hoje em dia".

Susan, continue lendo.

A esquiva

No começo e no fim de 1985, órgãos de segurança aérea na Bolívia e no Canadá foram mergulhados em um dos maiores escândalos políticos dos Estados Unidos quando desastres de avião em ambos os países foram associados a programas abrangentes do governo Reagan que ofereciam apoio a rebeldes na Nicarágua e armamentos ao Irã no caso Irã-Contras.

Cidadãos americanos morreram em aviões americanos operados por companhias aéreas americanas, mas os órgãos de segurança aérea dos Estados Unidos não tiveram uma participação significativa nas investigações, e não se chegou a uma conclusão satisfatória quanto à causa provável. Dois livros sugerem que operações de acobertamento pretendiam ocultar a associação entre as companhias aéreas e atividades secretas, e talvez ilegais, do governo americano.

Em 12 de dezembro de 1985, um DC-8 operado pela empresa de frete aéreo Arrow Air, de Miami, caiu quinze segundos após a decolagem em Gander, Newfoundland, no Canadá. Morreram 256 pessoas, a maioria soldados da 101ª Divisão Aérea do Exército americano, os *Screaming Eagles*. Os soldados estavam voltando para casa para o Natal, a caminho da base em Fort Campbell, no Kentucky.

Em dezembro de 1985, a Arrow Air não transportava apenas soldados; a empresa também tinha contratos para transportar munição incendiária de alto teor explosivo, além de armas e cartuchos calibre .40, segundo Richard Gadd, que coordenava a movimentação de armamentos para a CIA.

"Havia camadas e camadas de intrigas em relação ao desastre", disse Les Filotas, um dos dez membros do Canadian Aviation Safety Board [Conselho Canadense de Segurança em Aviação]. Havia sinais de elementos mecânicos, operacionais e possivelmente criminosos no acidente. O que Filotas achou bizarro foi o fato de que os investigadores de sua agência não pareciam muito interessados em analisar essas estranhas pistas.

"Transportava-se muito armamento entre o Egito e os Estados Unidos", explicou-me Filotas, uma alegação que ele registrou em *Improbable Cause*, seu livro sobre a burocracia e a politicagem na investigação do desastre da Arrow Air. Filotas não sabia se o histórico de voo do avião ou o relacionamento da empresa com a CIA eram relevantes para o caso, mas achava que ambos deviam ser investigados.

Em conformidade com acordos internacionais, a responsabilidade de investigar as circunstâncias cabia aos canadenses, mas era evidente dos dois lados da fronteira que o caso era delicado. O voo era com um avião fretado pelas Forças Armadas americanas de uma empresa associada à CIA. A carga continha caixas misteriosas cujo conteúdo nunca foi identificado. No compartimento de carga e na cabine de passageiros — se voos anteriores serviam de referência —, havia uma coleção enorme de armas e munição, já que soldados guardavam esse tipo de lembranças do combate em sua bagagem pessoal. Além do mais, o avião fora deixado sem supervisão durante paradas prolongadas no Egito e em Colônia, na Alemanha, a escala intermediária no caminho de volta aos Estados Unidos.

Tudo isso estava acontecendo durante uma época delicada para as relações entre os Estados Unidos e o Irã, visto que o governo americano estava negociando a libertação de reféns no Líbano. O assessor de segurança nacional Oliver North havia irritado o Irã ao vender ao país armas diferentes do que os iranianos esperavam. Em um memorando para Robert McFarlane e Richard Poindexter, chefes de North na Agência de Segurança Nacional, ele os instou a resolver o problema. Se não entregassem ao Irã os mísseis que eles queriam, haveria "fogo iraniano — os reféns seriam nossas baixas, no mínimo". Será que o desastre da Arrow Air era a concretização desse alerta?

O que impediu um desvio pelo emaranhado de espiões e acordos secretos malogrados foi o rápido descarte das hipóteses de terrorismo, sabotagem ou até uma explosão no ar no voo 1285 da Arrow Air. Após o desastre, tanto o grupo Jihad Islâmica quanto a Organização Independente pela Libertação do Egito assumiram a responsabilidade, mas o investigador canadense de acidentes aéreos e uma porta-voz do governo os desconsideraram imediatamente.

"Muitos grupos vão assumir a responsabilidade, e todas as declarações serão examinadas", disse Helene Lafortune, do Departamento de Relações Exteriores do Canadá, ao *New York Times*. "Eles fazem isso para promover suas causas. Não acho que seja indicação de nada", declarou ela sobre os grupos que assumiram a autoria.

Compare isso com o caso de outubro de 2015 em que um avião russo fretado explodiu no meio do voo saindo da cidade de veraneio Sharm El Sheikh, no Egito, e levando vários turistas de volta a São Petersburgo. O Airbus A321 da Metrojet se desintegrou e caiu no deserto do Sinai, matando 224 pessoas. Enquanto políticos americanos, britânicos e russos logo afirmaram que o avião havia sido derrubado por uma bomba, investigadores egípcios insistiram que não havia sinais que corroborassem essa explicação. O grupo fundamentalista Estado Islâmico assumiu a responsabilidade pelo desastre. Apesar da reticência do Egito, agências de notícias consideraram fato consumado a informação de que o avião foi abatido por uma bomba.

Contudo, no Canadá, trinta anos antes, a investigação oficial foi recebida com total deferência. Uma equipe de 32 soldados do Exército dos Estados Unidos, sob o comando do general de divisão John Crosby, chegou a Gander, bem como um grupo de agentes do FBI. Enquanto os soldados americanos tiveram permissão para recolher as vítimas, os agentes do FBI foram confinados no hotel pelos canadenses. A Polícia Montada Real Canadense não precisava da ajuda do FBI para procurar indícios de crime.

Os canadenses também estavam lidando com a investigação do acidente aéreo sem a ajuda dos Estados Unidos, embora George Seidlein, do NTSB, estivesse à disposição como representante oficial. Porém, ele logo viria a ser substituído por Ron Schleede, o chefe de investigações de grande porte do órgão, que disse ter voado até Gander com alguém da Pratt & Whitney a pedido de Jim Burnett, presidente do NTSB. "Nosso presidente nunca confiou em ninguém", contou-me Schleede. "Ele queria novos olhos, e fui enviado para isso."

Uma teoria inicial dizia que o avião não conseguiu subir porque havia gelo nas asas, provocando a queda nas árvores a cerca de um quilômetro do aeroporto. Filotas ainda não fazia parte do Canadian Aviation Safety Board (CASB), mas ele imaginava como essa teoria pode ter surgido, ainda que nenhuma das seis pessoas que trabalharam no avião antes da decolagem tenha visto gelo nas asas e que só se tenha registrado uma pequena quantidade de grãos de gelo nos pontos de observação climática do aeroporto.

"Dá para imaginar a situação em que acontece uma catástrofe em Gander e nosso conselho escolhe investigadores que talvez já tenham trabalhado em acidentes pequenos. Eles vão lá. Encontram os engenheiros da Pratt & Whitney e fazem uma reunião", explicou-me ele, descrevendo o processo organizacional no começo de qualquer investigação. A companhia aérea, o avião, fabricantes de motores, sindicatos de aviadores e organizações governamentais de aviação — todo mundo está representado.

"Eles são soterrados por especialistas cheios de opinião, e chegam e falam: 'Pode ter sido pane dos motores'. E aí o fabricante de motores diz: 'Não, é impossível'. E isso se repete com todo mundo. 'Poderia ser por causa do gelo?' E todo mundo faz que sim com a cabeça [e] diz: 'É, poderia ser por causa do gelo'. Nossos investigadores acabam sendo oprimidos, e eles convencem uns aos outros."

Schleede me disse que, quando aconteceu o acidente, um agente do FBI foi correndo até o carro para ir até o aeroporto e viu que os limpadores do para-brisa estavam congelados no vidro. Para Schleede, isso foi marcante; a teoria do gelo não era só uma concepção abstrata. "Posso admitir quando estou errado", disse-me Schleede, mas, quanto à teoria de gelo no Canadá, ele insiste que tinha razão.

Essa opinião criou um conflito entre ele e Seidlein, que não achava que o acidente tinha sido causado pelo gelo. Seidlein, que morreu em 2008, foi mandado de volta para o escritório em Chicago e nunca mais voltou a Gander, nunca mais defendeu a teoria que contradizia a de Schleede e dos investigadores do CASB.

É claro que Filotas não sabe como a ideia do gelo começou. A cena que ele descreveu em que todos foram unânimes e disseram "É, foi o gelo" foi uma especulação que surgiu durante uma das longas conversas pelo telefone que fez para seu livro. Com base em notícias obtidas pouco depois do ocorrido, considerou-se, horas após o acidente, que o gelo nas asas era uma possível causa, isso antes mesmo da primeira reunião organizacional. De qualquer forma,

Filotas foi generoso quanto ao início da teoria do gelo. Em outras questões, ele foi muito mais paranoico.

Ele me disse que não participou de certas conversas de bastidores entre o CASB e os americanos. Ele entende o bastante de política para concluir que o "general Crosby ficou andando pelo local do desastre e conversando com os investigadores. E eles não precisam pedir para que ninguém esconda nada. Alguém do Departamento de Justiça só precisa ligar para o presidente e avisar: 'Seria inconveniente para nós se alguém do seu conselho começasse a abrir a boca para falar de bomba'".

Filotas tinha tanta certeza de que o gelo não era a causa que, junto com outros três membros do conselho, escreveu uma carta de divergência contra a causa provável oficial do CASB. Ele era engenheiro de aviação, assim como Norm Bobbitt e Dave Mussallem; o terceiro, Ross Stevenson, era ex-piloto de DC-8 da Air Canada. (Um quarto homem, Roger Lacroix, ex-piloto de combate e membro da Polícia Montada Real Canadense, discordava da teoria do gelo, mas deixou o conselho antes que fossem divulgados o laudo final e a carta de divergência.) Quando receberam o laudo preliminar, em 1987, esses homens identificaram um excesso de confiança nos dados escassos do gravador de voo. Não havia depoimentos de testemunhas, e os arquivos das inspeções de motor não tinham refinamento algum.

Não era propriamente inédito esse intenso grau de interferência de nomeados políticos que não eram especialistas em segurança aérea, porque o CASB era recente demais para ter história. O órgão foi criado apenas um ano antes do acidente da Arrow Air, em uma tentativa de separar a segurança da regulamentação. Ironicamente, a polêmica em torno da Arrow Air e de outro acidente em 1989 levaria a uma segunda reformulação da maneira como o Canadá lidava com acidentes aéreos.

Porém, na segunda metade da década de 1980, os funcionários civis do CASB não imaginavam que teriam que prestar contas a membros do conselho sobre minúcias técnicas como procedimentos para o desmonte de motores e limitações de informações coletadas por gravadores de dados de voo com quatro canais.

"Havia uma disputa dentro do conselho sobre qual era a função dos membros", disse Peter Boag, o responsável pela investigação do CASB, a respeito de Filotas e dos outros que questionaram o parecer do conselho sobre os indícios. "Eles queriam ser investigadores, mas sua função não era essa."

PARTE UM: MISTÉRIO

Repórteres lotam o salão usado para coletivas de imprensa no hotel Sama-Sama do Aeroporto Internacional de Kuala Lumpur. (*Cortesia da autora.*)

A partir da esq.: Ahmad Jauhari Yahya, CEO da Malaysia Airlines, Hishammuddin Hussein, ministro dos Transportes interino, e Azharuddin Abdul Rahman, diretor-geral de aviação civil, em uma coletiva de imprensa em Kuala Lumpur em 31 de março de 2014. (*Cortesia da autora.*)

O 9M-MRO, um Boeing 777 de onze anos, em aproximação ao Aeroporto Internacional de Los Angeles três meses antes de seu desaparecimento. (*Cortesia de Jay Davis.*)

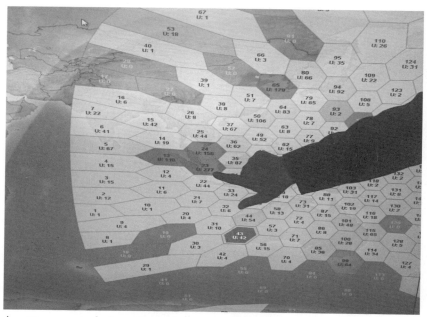

A região no oeste da Austrália, onde foram concentradas as buscas pelo MH-370. Dados da rede de satélites da Inmarsat levaram a empresa a concluir que o avião voou para o sul, o que auxiliou no esforço de busca. (*Cortesia da autora.*)

Destroços do voo 1907 da Gol Linhas Aéreas, que caiu após colidir com um jato particular. (*Força Aérea Brasileira via Creative Commons.*)

PARTE DOIS: CONSPIRAÇÃO

O *Hawaii Clipper* no dia de seu batismo em Pearl Harbor, Honolulu, em 3 de maio de 1936. Patricia Kennedy (*sentada no avião, à esquerda*), de nove anos, despejou água de coco na proa do hidroavião. Dois anos mais tarde, a aeronave desapareceu em um voo de Guam para Manila; ele nunca foi encontrado. (*Cortesia da Pan Am Historical Foundation.*)

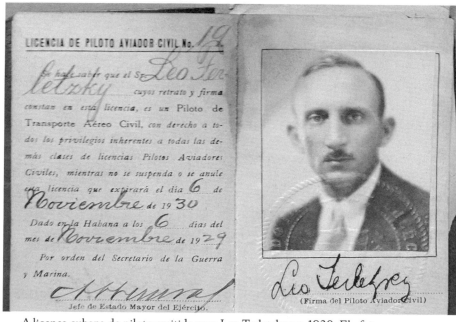

A licença cubana de piloto emitida para Leo Terletsky em 1930. Ele foi o comandante do malfadado *Hawaii Clipper*. (*Pan Am Historical Foundation/ cortesia da Universidade de Miami.*)

A cauda do voo 522 da Helios repousa em um barranco. (*Air Accident Investigation and Aviation Safety Board.*)

Um agente não identificado no local da floresta onde o Douglas DC-6 caiu em 18 de setembro de 1961, matando o secretário-geral da ONU e outras catorze pessoas. O único sobrevivente do desastre morreu no hospital seis dias depois. (*Copyright de Adrian Begg, foto usada com permissão.*)

A neve no monte Illimani, na Bolívia, revela sinais de onde o voo 980 da Eastern atingiu a montanha no Ano-Novo de 1985. (*Arquivo pessoal, cortesia de Rus Stiles.*)

A queda de um DC-8 da Arrow Air em Gander, Newfoundland, em 12 de dezembro de 1985, continua não esclarecida, e o laudo oficial continua polêmico. (*Polícia Montada Real Canadense.*)

Morreram 256 pessoas no desastre em Gander. A maioria fazia parte da 101ª Divisão Aérea do Exército americano, os *Screaming Eagles*, que estavam voltando para casa depois de servir no exterior. (*Canpress, foto por Jann van Horne.*)

O motor de cauda do DC-10 da Air New Zealand caiu perto do trem de pouso do avião na neve do monte Érebo, na Antártida. (*Cortesia da polícia da Nova Zelândia.*)

PARTE TRÊS: FALIBILIDADE

O tenente Thomas E. Selfridge (*à esq.*), sentado ao lado de Orville Wright, pouco antes de morrer quando o avião de Wright caiu durante testes em Fort Myer, Virginia, em setembro de 1908. (*Carl H. Claudy, National Air and Space Museum Archives.*)

O G-ALYP, o primeiro avião de passageiros a jato, recebe uma saudação entusiasmada. Em 10 de janeiro de 1954, ele se desintegraria e cairia no mar perto da ilha toscana de Elba. (*Cortesia da British Aerospace Hatfield.*)

Na Royal Aircraft Establishment em Farnborough, na Inglaterra, funcionários testam a fuselagem de um Comet dentro de um tanque cheio d'água. (*Cortesia da British Aerospace Hatfield.*)

O comandante do voo 692 da ANA se dirige aos passageiros após a evacuação de emergência do 787. (*Cortesia do passageiro Kenichi Kawamura.*)

O voo 692 da ANA na pista do Aeroporto Takamatsu após o pouso de emergência. (*Cortesia do passageiro Kenichi Kawamura.*)

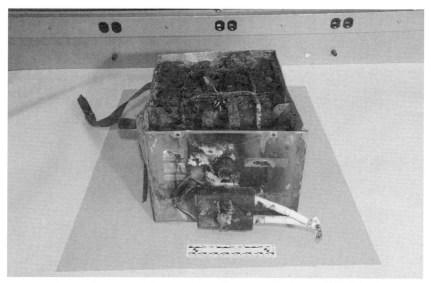

Investigadores examinaram a bateria de íon-lítio retirada de um 787 da Japan Airlines que, aparentemente, pegou fogo quando o avião estava em solo no Aeroporto Internacional Logan, em Boston, em 7 de janeiro de 2013. Não havia nenhum passageiro a bordo no momento. (*Foto fornecida pelo NTSB.*)

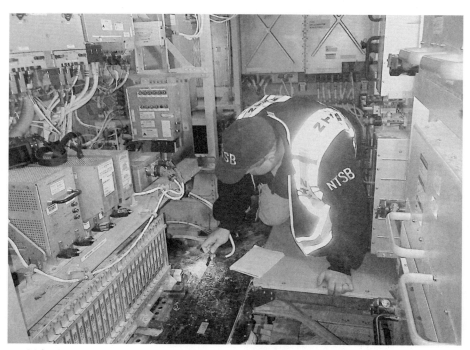

Mike Bauer, investigador do NTSB, examina os danos causados pelo aquecimento descontrolado de uma bateria de íon-lítio em um 787 da JAL. (*Foto do Dreamliner fornecida pelo NTSB.*)

PARTE QUATRO: HUMANIDADE

O comandante Dominic James foi considerado um herói após um pouso na água bem-sucedido com um voo de evacuação médica no oceano Pacífico em 2009, sem fatalidades. Mais tarde, autoridades de aviação da Austrália difamaram o piloto durante uma investigação que foi alvo de críticas. (*Arquivo pessoal de Dominic James.*)

Os pilotos não retiraram as travas das superfícies de controle de voo do Boeing 299, e o avião caiu durante um voo de demonstração em Dayton, Ohio, em 30 de outubro de 1935. O acidente levou à criação da lista de controle para os pilotos. (*Força Aérea dos Estados Unidos.*)

Foto do avião médico da Pel-Air no fundo do oceano Pacífico em 2009, após o pouso na água perto da ilha Norfolk, na Austrália. (ATSB.)

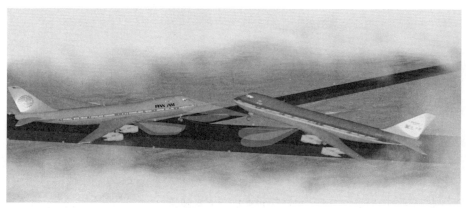

Representação artística da tentativa de decolagem realizada pelo comandante Jacob van Zanten, da KLM, por cima do 747 da Pan Am, que ainda taxiava pela pista. (*Creative Commons.*)

Adam Jiggins, aluno na CTC Aviation em Hamilton, Nova Zelândia, inspeciona sua aeronave sob a supervisão da instrutora de voo Sarah Jennings, em 2011.
(*Cortesia da autora.*)

Lisanne Kippenberg durante o treinamento para pilotos na Suíça em 2013.
(*Arquivo da família Kippenberg.*)

O primeiro voo controlado e extenso com propulsão por motor. Orville Wright está nos comandos, enquanto Wilbur corre ao lado. (*Biblioteca do Congresso.*)

A autora se sai mal em um teste de aptidão para pilotos na CTC Aviation, uma escola de formação para aspirantes a pilotos de linha aérea em Hamilton, na Nova Zelândia. (*Cortesia da autora.*)

PARTE CINCO: RESILIÊNCIA

O trem de pouso dianteiro do voo 143 da Air Canada cedeu quando o 767 planou o pouso de emergência em Winnipeg, em 1983. Os pilotos não sabiam que um autoclube esportivo estava realizando um evento na pista de pouso abandonada, mas, por um milagre, ninguém no solo se feriu. (*Wayne Glowacki/ Winnipeg Free Press.*)

A copiloto Laura Strand (*na ponta à esq.*) e o comandante Cort Tangeman (*na ponta à dir.*), com a tripulação do voo 1740 da American Airlines, em Chicago. (*Arquivo pessoal de Cort Tangeman, foto usada com permissão.*)

O voo 38 da British Airways pousa antes da pista após perder os dois motores durante a aproximação ao Aeroporto Heathrow. (*Cortesia da Unidade de Apoio Aéreo da Polícia Metropolitana.*)

A partir da esq.: Matt Hicks, Harry Wubben, Richard de Crespigny, Dave Evans e Mark Johnson na manhã seguinte ao quase desastre com um A380 gravemente avariado no céu de Cingapura. Nenhuma das 459 pessoas a bordo se feriu durante a emergência. (*Arquivo pessoal de Richard de Crespigny.*)

Nancy Bird Walton, o airbus A380 do voo 32 da Qantas, volta à Austrália após reparos causados por uma pane total de motor no céu de Cingapura em novembro de 2010. (*Cortesia da Qantas.*)

A essa altura, havia muito disse me disse. Filotas afirma só ter começado uma revisão das conclusões do conselho porque percebeu equívocos. Ele pensou que talvez a investigação fosse grande e complexa demais para Boag. E não foi o único a ter essa impressão.

Peter Boag tinha uma "experiência muito restrita, extremamente restrita", disse MacIntosh, do NTSB, afirmando que o investigador responsável pelo acidente da Arrow Air era confiante demais. "Não faço ideia de como alguém podia chegar para ele e fazer sugestões construtivas, quando a postura dele para tudo era de 'Eu dou conta, e fiz um bom trabalho.'"

Durante uma discussão particularmente acalorada descrita em *Improbable Cause*, os membros que sustentavam uma teoria alternativa à do gelo pediram a Boag os registros de manutenção do avião relativos a um acidente anterior, e Boag deixou claro que tinha perdido a paciência. Ele se levantou para ir embora e disse: "Francamente, senhores, essa fonte já secou para mim. Já fiz todo o possível".

"Quando a ideia [do gelo] ganhou força, foi conveniente, e todos os departamentos acharam que era uma boa ideia", disse Filotas. Ele ficou preocupado com o fato de que a investigação oficial havia desconsiderado os testemunhos e os testes toxicológicos que sugeriam um incêndio ou uma explosão.

Quatro testemunhas que acompanharam o breve voo afirmaram ter enxergado fogo ou uma luz forte no DC-8 antes de a aeronave atingir as árvores. Contudo, as informações dessas testemunhas foram descartadas. Quando Ken Thorneycroft, presidente do CASB, explicou o motivo do descarte a Lynn Sherr, para o programa *20/20* da ABC News, parecia que o conselho estava escolhendo o que queria ouvir.

"Obtemos informações de duzentas ou trezentas testemunhas; é óbvio que não podemos chamar todas", disse o presidente do conselho a Sherr. "Então, vamos nos reunir à mesa para conversar, decidir que informações queremos apresentar na audiência pública e só então selecionar um grupo de testemunhas para fornecer essas informações."

A contradição mais perturbadora tinha a ver com as autópsias. Os corpos foram levados ao Laboratório de Patologia das Forças Armadas de Dover, no estado de Delaware, e examinados pelo dr. Robert McMeekin. Ele declarou que as mortes foram instantâneas, mas não foi feita nenhuma determinação específica de causa, apenas "queda de avião". Essa designação indevida foi aplicada a todas as 256 vítimas, independentemente dos ferimentos de cada indivíduo.

Os resultados toxicológicos apresentados pelos canadenses demonstraram que mais de metade das vítimas apresentava monóxido de carbono ou cianeto de hidrogênio no organismo, o que indicava inalação de fumaça. Isso significava que "os soldados estavam vivos e respiraram monóxido de carbono. Aconteceu um incêndio ou algo a bordo que emitiu monóxido de carbono antes da queda do avião", afirmou Cyril Wecht em seu livro *Tales from the Morgue*, após examinar os laudos clínicos. "Esses soldados tiveram que respirar o CO ainda a bordo do avião, porque as autópsias mostram que os soldados estavam mortos na hora do impacto."

Esse é o "indício óbvio de que o avião estava pegando fogo e se desintegrou" que Roger Lacroix, membro do conselho, falava quando criticou a hipótese do gelo nas asas em sua entrevista para o *20/20*.

Contudo, no laudo final, a conclusão do dr. McMeekin quanto à hora das mortes mudou. Já não eram instantâneas. Agora se estimava que, para 125 das vítimas, a morte ocorreu de trinta segundos a cinco minutos após o acidente, o que explicava a presença de substâncias químicas associadas a incêndios em 62 das pessoas. Segundo Filotas, os fatos dos investigadores estavam mudando para preservar a teoria de que não houve incêndio antes da queda.

Quando ele chegou a Gander para uma reunião particular de planejamento com o CASB na primavera de 1986, Jim Burnett, presidente do NTSB, instruíra Schleede quanto ao que era importante: a Arrow Air e a fiscalização da companhia pela FAA. Talvez não parecesse grande coisa na época, mas um subcomitê do Comitê Judiciário da Câmara, em uma sessão em 1989, observou que, de todos os órgãos governamentais que deviam ter se envolvido, restou ao pequeno e obscuro NTSB a responsabilidade de representar simbolicamente a posição dos Estados Unidos. O subcomitê concluiu que "todos os órgãos governamentais acatavam as decisões do NTSB, que, por sua vez, acatava os canadenses quanto à questão de terrorismo".

"Burnett me disse para pegar pesado com a Arrow e a FAA", explicou-me Schleede. A Arrow Air fazia um "trabalho porco", e a fiscalização da FAA não fora suficiente. Essas questões foram incluídas no laudo majoritário do CASB em dezembro de 1988. Foi esse relatório que o subcomitê parlamentar americano afirmou não ter sido examinado com atenção suficiente pelo NTSB.

Não é preciso uma imaginação muito fértil para concluir que os Estados Unidos estavam afastando a atenção dos indícios de que a aeronave talvez tenha caído por causa de um incêndio ou uma explosão resultante de armas, sabotagem ou atentado terrorista. Isso abriu caminho para o laudo majoritário do CASB com a conclusão de que o avião havia sofrido estol durante a decolagem, provavelmente por causa de gelo na asa e perda de potência do motor número quatro. Foi a posição que Boag e seus investigadores assumiram praticamente desde o primeiro dia.

Como cristais de gelo em um para-brisa no inverno de Newfoundland, os opositores à teoria do gelo se agarraram à sua posição em um laudo divergente que dizia ter ocorrido um incêndio no avião durante o voo.

Sete meses mais tarde, Willard Estey, um juiz aposentado da Suprema Corte canadense, examinou os laudos e classificou ambos como inacreditáveis. "São abundantes as suposições e as especulações dentro e fora deste processo, mas provas concretas, não. Não há nenhum indicativo de esperança de que se possam revelar explicações para esse acidente nesses setores."

A conclusão do jurista não dissuadiu Boag. Ele me disse que advogados e investigadores de acidentes procuram coisas distintas. "Eu não estava lá, você não estava lá, e as pessoas que estavam morreram", disse Boag. "Pode ter havido complicações. A possível perda de potência resultante de um estol do compressor no motor talvez fosse uma complicação. O gelo era a conclusão mais provável, a melhor, se não definitiva, sobre a causa."

Para Filotas, a conclusão de Estey de que seria impossível descobrir uma causa era uma lógica circular. "Não devíamos avançar a investigação porque não conseguiríamos descobrir a causa, e abandonar a investigação garantiria que nunca descobríssemos."

E foi assim que ficou.

Esse avião não se perdeu no mar, nem foi abatido em uma área de conflito. O DC-8 caiu em um país de primeiro mundo, a cerca de um quilômetro do aeroporto, enquanto transportava militares americanos de volta para suas famílias.

Os Estados Unidos "tinham que saber o que aconteceu", disse Filotas quando conversamos em 2015. Ele falou que, desde 1985, aquele foi apenas o segundo ano em que nenhum jornalista entrara em contato para perguntar sobre o caso.

"As Forças Armadas sofreram uma perda trágica daquelas, e ficamos lá batendo cabeça. Se os Estados Unidos não soubessem [o que tinha acontecido com o avião], teriam deixado para lá essa polêmica 'gelo/não gelo' ou teriam tentado se envolver?" Filotas insistiu: "Eles não se importam com o que fazemos aqui porque já sabem o que aconteceu".

Pelo visto, a previsão pessimista do juiz Estey quanto à busca pela verdade no caso da Arrow Air estava certa. Filotas também se mostrou convincente ao dizer que o que o subcomitê parlamentar chamou de "ausência quase total" de investigação americana só pode ser vista como intencional. A menos que a verdade ameaçasse desencadear algum escândalo grave, por que um país não faria todos os esforços para tentar desvendar cada detalhe de um acidente com uma lista de vítimas tão grande?

Quando o comandante George Jehn, da Eastern Airlines, mergulhou pela primeira vez na polêmica em torno do desastre da Arrow Air, ele ficou impressionado pelas semelhanças com outro acidente ocorrido no começo daquele mesmo ano. "O governo Reagan tinha um método bem claro para lidar com desastres aéreos potencialmente constrangedores", disse-me ele. Jehn estava convencido de que o misterioso acidente com um Boeing 727 na Bolívia era mais um desastre que o governo americano não queria solucionar.

O voo 980 da Eastern Airlines caiu em uma montanha perto de La Paz, na Bolívia, em 1º de janeiro de 1985, matando 29 pessoas. Em respeito aos acordos internacionais, o país onde acontece o acidente é responsável pela investigação, motivo pelo qual o Canadá cuidou do caso da Arrow Air. Para o voo 980 da Eastern, as autoridades bolivianas tocaram a investigação. No entanto, como tudo associado ao acidente, menos o local, era americano, pessoas do NTSB, da Boeing, da Eastern e dos sindicatos da empresa tinham direito de participar, e até certo ponto elas participaram. Alguns enviados foram para a Bolívia, mas poucas de suas conclusões lá ajudaram a esclarecer o que houve.

Barry Trotter, na época investigador de acidentes da Eastern, foi para a América do Sul com o piloto-chefe e o diretor de operações de voo da companhia.

"Não ficamos à toa", disse-me Trotter. "Fomos ao lugar de onde a aeronave saiu para obter informações do CTA e do pessoal do radar, do radar de cruzeiro. Eu estava acompanhado de um representante do NTSB que era especialista em centros de CTA e torres etc."

Trotter se referia a Michael O'Rourke, o especialista em controle de tráfego aéreo do NTSB. Ao visitar a torre de La Paz, O'Rourke encontrou instalações da época do pós-guerra. Ele ficou muito preocupado com a idade dos equipamentos e a falta de manutenção.

"Insisti que a FAA fosse lá inspecionar todos os auxílios à navegação", explicou-me O'Rourke, lembrando-se claramente da visita ao local. Fazia quase quarenta anos que os equipamentos haviam sido instalados, e eles nunca foram inspecionados. "Fiquei chocado."

Em uma matéria do *New York Times* após o acidente, o repórter Richard Witkin destacou essa questão, afirmando que haveria atenção imediata para a "precisão dos auxílios à navegação" que a tripulação teria usado durante a descida da aeronave sobre as montanhas e sua aproximação até o aeroporto. Witkin estava parcialmente correto. A FAA de fato testou o aeroporto com um Boeing 727 equipado especialmente para isso e concluiu que estava tudo em ordem, mas não houve nenhum laudo sobre a precisão dos equipamentos na noite do acidente.

Em seu livro *Final Destination: Disaster*, Jehn afirma que, entre o Ano-Novo e o voo de teste da FAA algumas semanas depois, o sistema havia passado por alguns reparos. Jehn me disse que "um representante" da companhia foi lá antes da inspeção para ajeitar as coisas. "É claro que o teste ia dar certo."

A primeira tentativa de enviar investigadores ao local foi cerca de cinco dias após o acidente, quando Rus Stiles, piloto de helicóptero, voou com um Sikorsky Black Hawk por cima do monte Illimani. O helicóptero fora alugado da United Technologies. Harry Gray, o diretor executivo da empresa, era amigo pessoal do embaixador Arthur Davis, que perdeu a esposa no desastre.

"A única coisa que vimos foi um talho na neve que tinha a forma da asa", contou-me Stiles. "O avião estava tão enterrado que não me lembro de nenhuma parte dele. Não vi nada da cauda." Stiles disse que podia ficar pairando pela área, mas pousar ou deixar pessoas na montanha estava fora de cogitação. Levaria quase um ano até que investigadores tentassem chegar aos destroços novamente.

Jehn leu todas as notícias iniciais e ficou impressionado pela quantidade de linhas a seguir: criminal, política e operacional. A princípio, havia motivos para desconfiar de uma explosão durante o voo porque pessoas que moravam na região afirmaram ter ouvido "um estrondo de trovão" e visto pedaços da aeronave caindo do céu. Outra reportagem sugeriu a possibilidade de que talvez tivesse sido um atentado contra Davis, o embaixador americano no Paraguai, pelo ditador militar do país, o general Alfredo Stroessner.

O embarque de Davis junto com a esposa, Marian, estava previsto, mas o embaixador mudou os planos na última hora. O relacionamento de Davis e Stroessner às vezes podia ser conflituoso, e havia mais: o Paraguai estava despertando a ira do governo americano por sua participação no narcotráfico. Dois meses antes do desastre, os americanos cortaram o auxílio financeiro dado ao Paraguai, e a maior parte da apropriação de 3 milhões de dólares foi para a Força de Paz. Coincidentemente (ou talvez não), o diretor da Força de Paz no Paraguai também morreu no voo 980.

Para Jehn, a participação da Eastern Airlines no transporte de drogas ilegais também precisava ser considerada relevante. A empresa aparecera nos jornais por repetidas infrações de leis relativas ao narcotráfico. Houve 22 confiscos de drogas em aviões da Eastern em 1984, e o material de contrabando sempre estava escondido em áreas de acesso exclusivo para o pessoal de aviação. Em depoimento ao Senado americano durante uma audiência, um piloto afirmou ter visto dinheiro ser retirado de aviões na base panamenha da Eastern.

A partir das histórias que os pilotos lhe contaram e também informaram ao FBI em Miami, Jehn sugere que a Eastern Airlines talvez estivesse auxiliando os esforços clandestinos do governo Reagan de fornecer armas para rebeldes nicaraguenses no caso Irã-Contras, o escândalo de trocas de armas por reféns, de fornecimento de drogas para rebeldes e de muito mais que dominou o segundo mandato do quadragésimo presidente americano entre 1984 e 1988.

Entretanto, nem tudo era intriga política. Assim como a integridade questionável dos auxílios à navegação em La Paz, Jehn e os pilotos da ALPA (sigla em inglês da Associação de Pilotos de Linha Aérea) que faziam parte da investigação descobriram fatos alarmantes associados a falhas humanas. Nenhum dos três homens na cabine de comando naquela noite tinha experiência de voo na América do Sul, marcada pelo terreno montanhoso e pela tecnologia pouco avançada da estrutura de navegação. Pela política da empresa, um comandante avaliador devia atuar como supervisor no primeiro voo pela região, mas não no segundo. Essa viagem de volta para Miami era o segundo voo do piloto; o supervisor estava viajando como passageiro.

Don McClure, piloto de segurança aérea da ALPA, fez um voo de reconstituição do 980 e observou que o sistema de navegação via rádio da companhia, chamado Omega, "causava constantemente um desvio de cerca de oito quilômetros para o leste", em direção ao monte Illimani. Jehn identificou erros nas cartas de navegação.

O interesse de Jehn pelo voo 980 da Eastern era profissional: um avião de carreira havia caído; colegas morreram. Judith Kelly seguia uma linha de trabalho paralela, com uma missão mais pessoal. William Kelly, com quem ela fora casada por dezesseis anos, era o diretor da Força de Paz no Paraguai. Ele estava a trabalho no voo 980 para Miami. Judith, que também trabalhava para a Força de Paz, havia ficado em Assunção. Não demorou para ela se dar conta de que o governo americano não estava fazendo todos os esforços para descobrir o que havia acontecido.

Seis meses após ficar viúva, Judith Kelly viajou para a Bolívia, contratou um guia e escalou o monte Illimani, subindo 5800 metros até o lugar por onde os destroços do avião estavam espalhados. Ela pegou alguns pedaços pequenos, deixou cartas que havia escrito para o marido e voltou a descer a montanha. Depois, ela foi para os Estados Unidos e apareceu no programa *Today* da NBC para falar sobre o que fizera e desafiar o NTSB a ir lá dar uma olhada. "Eu consegui, uma mulher, sem ajuda", explicou ela a Jehn quando os dois se conheceram, dois anos depois. Sua mensagem para o NTSB: com certeza, o governo dos Estados Unidos e a Eastern Airlines, com todos os recursos de que dispunham, eram capazes de ir lá e realizar uma investigação adequada. Ela demonstrara que era possível.

De sua casa em San Antonio, no Texas, Alisa Vander Stucken, de 28 anos, viu Judith Kelly repreender o NTSB no noticiário matinal no verão de 1985 e pensou: "Isso foi maravilhoso". Seu marido, Mark Louis Bird, foi copiloto no voo 980. Assim como Kelly, Vander Stucken estava frustrada e não compreendia a falta de progresso na investigação. "Eu esperava que tanto o governo quanto a empresa fossem lá para descobrir o que aconteceu", disse ela. Porém, quando o acidente deixou de aparecer nos jornais, a única fonte de informação de Vander Stucken eram as cartas e as ligações de Judith Kelly. "Acho muito triste quando uma mulher precisa ir lá em cima e tentar fazer aquilo sozinha", declarou ela, referindo-se à escalada do monte Illimani por Kelly, "em vez da empresa ou do governo; o NTSB. Quer dizer, é para isso que eles existem."

Em seu livro, Jehn afirma que o republicano Jim Burnett, então presidente do NTSB nomeado pelo presidente Reagan e falecido em 2010, estava atendendo aos interesses da Casa Branca ou da Eastern, ou de ambas, com essa investigação superficial. Nenhuma das pessoas com quem conversei e que na época eram associadas ao NTSB concorda com essa conclusão. Peter Kissinger, o diretor-gerente do conselho na ocasião, disse que não imaginava por que haveria relutância quanto a um exame das circunstâncias. "Realmente vivíamos pela máxima de não deixar pedra sobre pedra."

Ainda assim, a impressão de Jehn de que Burnett era extremamente político batia com a opinião de outras pessoas que conversaram comigo, tanto em entrevistas oficiais quanto em conversas em off, por trás dos bastidores. Ron Schleede relatou uma discordância com Burnett quanto à abordagem de outra investigação. "Ele queria fazer uma comissão por algum motivo político", e Schleede explicou que se opunha. No fim das contas, a última palavra foi de Schleede, mas o investigador disse que "Burnett ficou furioso". "Ele falou: 'Tudo bem, podemos designar o sr. Schleede para a divisão de estradas de ferro?'." Para mim, parecia ter sido uma brincadeira, mas não foi o que Schleede achou. "Muita gente experiente saiu do NTSB por causa de Jim Burnett."

Na época do voo 980, o NTSB de fato era bem próximo da Eastern. O assistente especial de Burnett era um ex-piloto da Eastern chamado John Wheatley. "Burnett, por algum motivo, tinha muito mais contato com a Eastern do que com outras linhas aéreas", disse Tom Haueter, ex-diretor de segurança em aviação do NTSB. "Não sei, mas eu tinha a impressão de que na época havia muita gente da Eastern por perto."

Onze anos após o desastre, Greg Feith, investigador* do NTSB, disse em uma assembleia da Sociedade Internacional de Investigadores de Segurança Aérea que a política pode determinar a direção de um caso. Ele sabia disso por experiência própria, porque, quando o NTSB finalmente respondeu ao desafio de Judith Kelly, Feith foi escolhido para liderar uma expedição aos destroços no monte Illimani.

No fim de agosto de 1985, sem nenhum aviso prévio, Feith participou de uma teleconferência do NTSB em que investigadores foram convidados a se oferecer para escalar 5800 metros e procurar as caixas-pretas do Boeing 727. Feith tinha apenas 28 anos e era novo no trabalho. Morava em Denver, a 1500 metros de altitude. Ele se mantinha em forma com exercícios, incluin-

---

* Feith se aposentou do NTSB em 2001.

do caminhadas pelas Montanhas Rochosas. Ciente de que seria bom para sua carreira, ele se ofereceu para ir. Investigadores mais experientes também haviam se prontificado, mas Feith foi o escolhido. Ele não sabia que o NTSB demonstrara pouco interesse no acidente, mas sabia que o órgão estava sendo atormentado por Judith Kelly.

O primeiro sinal de que havia algo errado com a tarefa foi o momento. A temporada de escaladas, de maio a setembro, tinha acabado. Já fazia dez meses desde o acidente, mas, de repente, tudo virou uma correria. "A missão foi montada de última hora." Feith me contou que foi notificado em 25 de setembro, chegou a Washington, D.C., no dia 1º de outubro para planejar a viagem e foi para La Paz em 2 de outubro. "Não tivemos muito tempo para planejar. Foi meio que 'Está aprovado. Até mais'."

Feith foi acompanhado de Jim Baker e Al Errington, engenheiros da Boeing, e dois representantes da ALPA: o piloto Mark Gerber e o irmão Allen, que não era piloto. Os quatro eram alpinistas experientes. Royce Fichte, um diplomata da embaixada americana em La Paz, e Feith seguiriam suas orientações e as de Bernardo Guarachi, o guia profissional que havia levado Kelly pelo Illimani em junho e fora o primeiro a examinar o local do acidente a pé, em janeiro, a pedido do coronel Grover Rojas, diretor de operações de resgate da Força Aérea boliviana.

Os homens não tiveram muito tempo para se aclimatar nem sequer aos 3650 metros de altitude de La Paz, e o despreparo ficou nítido imediatamente. A expedição começou em 8 de outubro e foi marcada por problemas. Errington foi o primeiro a sucumbir à doença de altitude, então ele e Baker não seguiram em frente. Fichte, Feith e os irmãos Gerber continuaram a subida, mas Mark Gerber passou mal e a resistência de Fichte também começou a se deteriorar. Feith chegou ao local do desastre, mas disse que só teve algumas horas para escavar a neve. Embora tenha encontrado a cauda do avião, onde deveriam ficar os gravadores de dados e de voz do voo, ele não viu as caixas-pretas. Temendo pela saúde da equipe, o grupo começou a descida de volta a La Paz na manhã seguinte.

Foi uma experiência frustrante. Errington sugeriu que os homens estavam ansiosos demais, especialmente os alpinistas calejados. "Lideramos o grupo com um excesso de exuberância juvenil." Eles estavam animados para seguir sempre em frente em vez de avançar com cautela. "Devíamos ter ido mais devagar, e sabíamos disso, mas queríamos muito resolver as coisas. Podíamos ter desacelerado, mas não fizemos isso."

Para os irmãos Gerber, a urgência e a combinação de tropeços de planejamento de apoio foram uma campanha deliberada para prejudicá-los. "A situação toda foi muito bizarra", disse Mark Gerber. "Vendo em retrospecto, sim, estávamos lá para fazer um trabalho, mas foi uma farsa." Os irmãos concordavam com Jehn. "Tinha jogo político na história."

A suspeita deles era reforçada pelo seguinte: antes mesmo de os investigadores seguirem para La Paz, o Conselho Boliviano de Investigação de Acidentes e Incidentes já havia redigido um laudo. O documento fora entregue em 4 de setembro e concluía que "o acidente aparentemente foi causado por um desvio de rota da aeronave". Era uma afirmação óbvia que não incluía nenhuma das informações que o NTSB havia compilado. É claro que foi um desvio de rota — a rota não atravessava a montanha. O que não se sabia era por que o avião estava onde não devia. Se houve qualquer esforço para tentar descobrir a resposta, o laudo não indicava. As questões levantadas por McClure, as conclusões de O'Rourke, os relatos das testemunhas — tudo isso também ficou de fora.

Considerando a quantidade de informações que foram fornecidas por investigadores informais, faz sentido que, passados 31 anos, dois aventureiros de Boston tenham sido os supostos descobridores de pedaços das caixas-pretas. Em maio de 2016, Dan Futrell e Isaac Stoner escalaram o monte Illimani até um conjunto de destroços, onde eles encontraram uniformes, motores, restos mortais e fragmentos de metal laranja. De volta aos Estados Unidos, Stoner publicou no site Reddit: "Tem um gravador de voo arrebentado na minha cozinha!". Michael Poole, que já havia chefiado o laboratório de gravadores de voo do Canadá, disse que talvez fosse possível recuperar dados mesmo depois de tanto tempo. Ainda assim, um porta-voz do NTSB declarou que o órgão não pretendia reexaminar um acidente que era responsabilidade da Bolívia.

A conclusão inconclusiva dos bolivianos é o único registro oficial de um desastre que, em todos os sentidos, era uma catástrofe norte-americana. Assim como no acidente da Arrow Air, o NTSB se contentou em permitir que os bolivianos tivessem a única e última palavra.

Na condição de diretor de assuntos de aviação internacional no NTSB de 1988 a 2011, Robert MacIntosh transitava pelos relacionamentos complexos e muitas vezes delicados entre governos. Até ele se surpreendeu com o nítido desinteresse que as pessoas que examinaram o acidente do voo 980 da Eastern demonstraram pela identificação dos lapsos de segurança. "Não é comum, e é só isso que posso dizer."

Por volta do Natal de 1985, quase um ano após o acidente, um jornalista perguntou a John Young, o investigador responsável do NTSB, sobre o voo 980. "Qualquer segredo sobre o acidente foi enterrado pela neve em uma altitude onde qualquer escavação é praticamente impossível", disse ele.

Young, que morreu em 2005, podia estar descrevendo o roteiro de muitas investigações futuras, incluindo a do MH-370, em que se dá tanta importância à descoberta do avião que nem a Polícia Real da Malásia consegue fazer nenhum progresso sem ele. Quando questionado sobre a investigação policial do desaparecimento do MH-370, o inspetor-geral Tan Sri Khalid Abu Bakar respondeu que "não estou autorizado a revelar" nenhuma notícia "antes de um inquérito oficial após a localização das caixas-pretas".

Embora todo mundo ache que é bom ter o avião, nem sempre as investigações são tão simples. Mesmo sem jamais sair de sua mesa, George Jehn descobriu uma quantidade de pistas suficiente para escrever um livro inteiro de possibilidades. Os investigadores nunca sabem o que vão encontrar quando começam a fazer perguntas e a vasculhar registros. E, antes de desistirem, eles primeiro precisam tentar.

Trabalho na neve

De todos os acidentes aéreos associados a intrigas políticas, o desastre com o voo 901 da Air New Zealand na Antártida parece ser o mais incrível. A história, ambientada em um dos lugares mais inóspitos do planeta, cheia de mentiras, manipulação, documentos destruídos e arrombamentos, é digna de qualquer paranoico louco por chapéus de alumínio e teorias da conspiração. Só que é verdade.

Em 1977, muito antes de navios de cruzeiro oferecerem rotas pela Antártida, a Qantas e a Air New Zealand inauguraram passeios em que turistas aventureiros poderiam apreciar a paisagem e passar um dia em um percurso aéreo de primeira classe. Ida e volta até a Antártida em só um dia — quem não gostaria de fazer essa viagem? Na Air New Zealand, os voos eram agendados para os dias de quase 24 horas de claridade do verão austral com um DC-10 da McDonnell Douglas.

De altitudes a partir de 1500 pés, cerca de 450 metros, os passageiros podiam ver a Plataforma de Gelo Ross; a enseada McMurdo; o centro de pesquisa científica e industrial da Nova Zelândia na Base Scott; a Estação McMurdo, dos americanos, com seu aeródromo no gelo; e até cães de trenó usados em expedições e pinguins-imperadores nativos da região. O mais impressionante era o vulcão Érebo, ainda ativo, o ponto de exclamação de 3600 metros de altura na ilha Ross.

Esses passeios semanais eram feitos em apenas um mês a cada ano, então não havia muitas oportunidades para que os pilotos ganhassem experiência nesse ambiente incomum. Dos onze voos realizados entre fevereiro de 1977 e novembro de 1979, só um comandante voou até a Antártida mais de uma vez.

A rota era considerada uma missão de prestígio. A maioria das viagens era feita por pilotos que faziam parte da diretoria, muitas vezes levando convidados importantes da Air New Zealand ou jornalistas. Então o comandante Jim Collins, piloto de escala, ficou surpreso ao ser chamado para o voo de 28 de novembro de 1979. Collins voaria com os copilotos Greg Cassin e Graham Lucas e os engenheiros de voo Nick Moloney e Gordon Brooks. Brooks era o único dos cinco que já participara de um voo da Air New Zealand pela Antártida. Para os outros, aquela seria a primeira "Experiência Antártica".

Pouco após alcançar o gelo, o jumbo bateu no monte Érebo, matando na hora as 257 pessoas a bordo. Na época, era inconcebível que aviadores experientes voassem a baixa altitude naquele muito conhecido terreno acidentado. No entanto, esse acontecimento chocante foi ofuscado pelo que se seguiu. A companhia aérea descobriu por que o avião foi parar no monte Érebo; foi um erro trágico de inserção de dados, tão simples quanto acidental. Porém, em vez de confessar, os representantes da Air New Zealand decidiram esconder a verdade e incriminar os pilotos.

Quando o comandante Collins tomou a decisão de descer de 16 mil pés (4900 metros) para 6 mil pés (1800 metros) a fim de permitir que os passageiros pudessem ver melhor a Antártida, ele tinha certeza de que estava se aproximando do continente pela enseada McMurdo, um corpo d'água de 65 quilômetros de largura que acabava em terra no ponto de referência de McMurdo.

Ele e os dois copilotos acharam isso porque era a rota que lhes fora apresentada na reunião de briefing pré-voo obrigatória dezenove dias antes. Também era a rota que Collins e Cassin voaram na sessão subsequente no simulador de voo, de acordo com o depoimento de outros dois pilotos que participaram da sessão com eles.* Na noite anterior ao acidente, o comandante Collins, um tanto quanto aficionado de cartografia, sentou-se à mesa de jantar em sua casa em Auckland e mostrou às filhas o percurso que o avião faria, passando para o chão da sala de estar, pois um dos mapas acabou sendo grande demais

---

* O copiloto Lucas não compareceu à reunião de briefing.

para a mesa. Ele apontou para suas duas filhas mais velhas — Kathryn, de dezesseis anos, e Elizabeth, de catorze — as montanhas da Terra de Vitória, a cerca de quarenta quilômetros a oeste da rota pelo mar, e o monte Érebo, 43 quilômetros a leste.

Contudo, quando Collins se apresentou no aeroporto de Auckland no dia seguinte, as informações que lhe deram para programar o plano de voo no sistema de navegação inercial do avião tinham sido alteradas. Em uma tentativa de corrigir um erro de inserção de dados cometido catorze meses antes, a Air New Zealand mudou em dois graus de latitude um ponto de referência na rota. Em vez de se aproximar do continente pela superfície lisa da enseada McMurdo, o avião voaria exatamente acima do monte Érebo, o vulcão de 3600 metros de altura. Embora se tratasse de uma trajetória de voo muito diferente, a tripulação não foi informada da mudança.

Nem o comandante nem os copilotos teriam percebido a diferença só de olhar os números, que eram coordenadas de latitude e longitude para uma série de pontos de referência entre Auckland e o continente antártico. Os pilotos precisariam abrir mapas e conferir as rotas para perceber a alteração, e eles não tinham nenhum motivo para fazer isso. Haviam sido informados da rota e treinado no simulador. Era esse o objetivo da sessão de 9 de novembro, e era isso que o comandante Collins revisara com tanta atenção na noite anterior.

Quando o avião se aproximou da Antártida, já fazia cerca de quatro horas e 45 minutos que o voo 901 estava o ar. Não era uma viagem aérea normal. A Air New Zealand queria agradar e fascinar seus clientes, então enviou junto um especialista em Antártida, que contribuía com uma série de comentários. Sir Edmund Hillary, que foi o primeiro a escalar até o topo do monte Everest com Tenzing Norgay, participava de alguns voos. Mas nesse foi Peter Mulgrew, amigo de Hillary e reformado pela Marinha neozelandesa. Mulgrew acompanhara Hillary em uma expedição ao polo Sul no fim dos anos 1950. Os passageiros circulavam pela cabine com taças de champanhe, olhando pelas janelas e ouvindo as explicações de Mulgrew sobre a vista. Eles podiam caminhar até a cabine de comando, onde uma porta aberta os convidava a ver a paisagem de frente.

Câmeras clicavam conforme o avião passava pelas montanhas irregulares da Terra de Vitória a oeste. No total, mais de novecentas fotos tiradas no voo foram reveladas e analisadas, imagens que desempenhariam um importante papel para demonstrar as imprecisões na conclusão oficial sobre o que aconteceu no voo 901.

A 450 quilômetros ao norte da Estação McMurdo, Collins recebeu a solicitação do controle de tráfego aéreo no Centro McMurdo (Mac Center) de descer até 1500 pés (cerca de 460 metros) e voar por radar, atravessando uma camada de nuvens que estava a 5500 metros de altura. Era uma boa notícia: os passageiros poderiam dar uma primeira olhada de perto para a paisagem abaixo. Collins, então, viu uma abertura nas nuvens e desceu em ar limpo. Durante a descida, ele descreveu uma trajetória em forma de oito. Fez uma volta de 360 graus no sentido oeste, e depois no leste, até por fim voltar a voar em direção à Estação McMurdo.

Após concluir a segunda volta, o comandante Collins reativou o sistema de navegação automática para confirmar que estava de novo na rota fornecida pela companhia aérea e continuou a descida. Se o DC-10 estivesse na trajetória apresentada durante o briefing dos pilotos, esse grupo de exploradores aéreos teria vivenciado a mesma experiência que os passageiros de voos anteriores. Mas, quando Collins reativou a navegação automática, o voo 901 entrou em uma trajetória que o levaria diretamente até a face do monte Érebo.

O gravador de dados de voo e o gravador na cabine de comando, recuperados no local do acidente, revelam que o avião voava a uma altitude de cerca de 1500 pés quando soou o primeiro alarme de *Terrain pull up!* (Solo, subir!). Alguns segundos depois, o comandante Collins instruiu o copiloto a aplicar "potência para arremetida, por favor". A gravação acaba seis segundos após o alerta inicial.

Para as pessoas encarregadas de investigar o acidente, havia duas perguntas importantes: por que o avião estava voando tão baixo durante a aproximação de terreno elevado, e por que os pilotos não tinham visto a montanha à sua frente? Para a Air New Zealand, a resposta à primeira pergunta chegou em questão de horas.

Assim que souberam que o avião havia desaparecido, os despachantes de voo Alan Dorday e David Greenwood olharam para as informações de navegação entregues a Collins e as compararam com o voo antártico anterior. Eles viram que as duas trajetórias eram diferentes. A rota do comandante Collins não passava por cima do gelo liso do mar, como a do voo anterior, mas pela terra. E não qualquer terra, mas o terreno mais elevado em um raio de vários quilômetros. Os pilotos estavam voando baixo acima de uma montanha porque acharam que estavam sobre o mar. Simples assim.

Qualquer um que já tenha se dado mal provavelmente compreende o desejo de evitar as consequências, e a intensidade deve ser exponencialmente maior quando o resultado é a perda de vidas. As pessoas na companhia aérea cederam a esse impulso. Começou com a decisão de omitir a mudança de rota dos investigadores para que, quando Ron Chippindale, o investigador-chefe de acidentes aéreos do país, saísse da Nova Zelândia rumo à Antártida, no dia seguinte, ele não soubesse do erro crucial que levara os pilotos a fazer a descida fatal.

Para os dez dias de investigação no local, Chippindale foi acompanhado de Ian Gemmell, o piloto-chefe da Air New Zealand. No entanto, ao contrário de Chippindale, o comandante Gemmell sabia da mudança na trajetória de voo, porque o despachante de voo David Greenwood lhe dissera.

Gemmell permaneceu ao lado de Chippindale durante toda a investigação como consultor técnico. Não é possível afirmar até que ponto ele influenciou a perspectiva inicial de Chippindale quanto ao acidente. Mas o que não se discute é que houve interferência em materiais descobertos no local da queda, e algumas coisas simplesmente sumiram. O objeto mais intrigante foi o pequeno fichário do comandante Collins — e foi a ausência desse item que fez as pessoas desconfiarem que Gemmell estava por trás do desaparecimento das provas.

Jim Collins, ex-piloto da Força Aérea com 45 anos na época, era famoso por gostar de fazer listas e tomar notas. Ele levava seu fichário consigo na mala de voo em todas as viagens que fazia.

Enquanto trabalhavam no local do desastre para recuperar os corpos, Stuart Leighton e Greg Gilpin, dois peritos da polícia, encontraram o fichário não muito longe de onde estava o corpo do comandante Collins. O fichário tinha cerca de trinta páginas, a maioria em branco, exceto algumas na frente, que continham números. Eram informações relacionadas ao voo, segundo a classificação do sargento Gilpin. No entanto, quando o fichário chegou à Nova Zelândia, essas páginas haviam desaparecido. Só em 2012 haveria alguma explicação satisfatória para o que aconteceu.

Em seu leito de morte, o comandante Gemmell disse à documentarista Charlotte Purdy que a companhia aérea havia removido as folhas. Purdy, cujo tio fora o engenheiro de voo no DC-10, estava produzindo o filme *Operation Overdue*, um relato sobre a retirada das vítimas na Antártida. Para ela, fazia sentido que alguma pessoa que Gemmell não identificou tivesse retirado as folhas, mas, a essa altura, o país inteiro já sabia que a companhia aérea tentara acobertar o erro ao esconder a mudança de rota e culpar os pilotos por voarem baixo demais.

Em 1979, no entanto, lá em meio ao gelo, qualquer indicação de que o comandante Collins não sabia da rota sobre terra teria arruinado o plano. É por isso que a questão do acesso de Gemmell ao local do acidente e sua influência sobre Ron Chippindale era tão importante.

Gemmell sempre insistiu que só soube da alteração nas coordenadas de voo ao voltar da Antártida em 8 de dezembro, mas seus colegas contaram outra história. "Eu com certeza falei para Ian Gemmell", declarou o despachante David Greenwood, ao depor que havia partilhado sua descoberta com o piloto-chefe na manhã seguinte ao desastre.

Esses relatos conflitantes não aconteceram fora de contexto, e não foram apenas as folhas do fichário de Collins que desapareceram. Seu atlas e os documentos do voo também nunca foram encontrados. E, nos dias posteriores ao acidente, alguns objetos foram furtados da casa do copiloto Cassin. Anne Cassin me contou que o corpo de seu marido, Greg, ainda nem tinha sido recuperado da Antártida quando ela, depois de sair para resolver algumas coisas, voltou para casa e descobriu que os sogros tinham entregado caixas de documentos para o piloto da Air New Zealand que havia passado lá. "Detalhes de seguro, as escalas de Greg, contas, recibos, cartas pessoais, extratos bancários, canhotos de cheques, livros de aviação... tudo tinha sumido", disse ela, a lembrança ainda vívida após mais de trinta anos. "A pessoa da Air New Zealand escolhida para lidar com as famílias dos tripulantes mortos roubou da minha casa toda e qualquer papelada."

Quando se deu conta do que havia acontecido, Anne Cassin foi até a mesinha de centro onde seu marido deixara a pasta com suas anotações sobre o briefing da Antártida. A maior parte dos papéis tinha sumido. Anne Cassin tinha 31 anos, três filhos e uma licença de piloto privado,* mas, naquele mo-

---

* Mais tarde, Anne Cassin se tornou instrutora de voo e piloto de linha aérea da Mount Cook Airline, em Christchurch.

mento, não conseguia imaginar que importância os detalhes do último briefing de seu marido teriam para a companhia aérea. Isso só ficou claro em fevereiro, quando o erro da Air New Zealand de alterar a rota para McMurdo sem avisar a tripulação vazou para um jornal.

Cassin e os pilotos da Air New Zealand enfim compreenderam: a empresa vinha dizendo que os pilotos sabiam que estavam voando acima do monte Érebo. Mas as anotações do briefing indicavam o contrário, por isso foram surrupiadas. As anotações de Collins desapareceram, assim como as de Cassin. E, enquanto isso, Morrie Davis, diretor executivo da Air New Zealand, deu ordens para destruir documentos relacionados ao acidente.

Esse estranho pedido aconteceu dias após o desastre, quando o chefe da empresa disse que todos os materiais originais relevantes deveriam ser reunidos, e todo o resto, destruído. Mais tarde, Davis explicou para o advogado do sindicato de pilotos que sua intenção era evitar vazamentos à imprensa.

Em junho de 1980, Chippindale, o investigador-chefe de acidentes aéreos, entregou seu laudo. A causa provável do desastre foi "a decisão do comandante de continuar o voo em baixa altitude rumo a uma região de superfície irregular e horizonte indefinido quando a tripulação não tinha certeza de sua posição". A companhia aérea foi responsabilizada pelas incorreções no briefing dado à tripulação. A Divisão de Aviação Civil do país, ou CAD, na sigla em inglês, foi alertada a prestar mais atenção ao modo como a Air New Zealand operava seus voos. Mas o laudo de Chippindale estava concentrado nos pilotos.

Segundo Chippindale, independentemente das condições do terreno por onde os pilotos achavam que estavam voando, todo mundo teria voltado para casa em segurança se a tripulação não tivesse descido para menos de 16 mil pés, cerca de 4900 metros. Havia certa lógica nisso, reforçada pelo que a companhia disse a Chippindale: os pilotos eram expressamente proibidos de voar abaixo de 16 mil pés em voos da Experiência Antártica antes de chegar a McMurdo.

Chippindale levara seis meses para elaborar suas conclusões. Um mês depois, uma Comissão Real de Inquérito especial começaria a examinar sua análise e as informações da companhia nas quais ele se baseara. O desastre estava em vias de se tornar um escândalo nacional.

Peter Mahon, um advogado de Christchurch e juiz de longa data em Auckland, foi encarregado de conduzir a avaliação. Após dez meses, o comissário encontrou problemas em praticamente todos os aspectos do laudo de causa provável. Segundo Mahon, o documento estava cheio de imprecisões e fundamentado por técnicas de investigação negligentes. As conclusões de Chippindale apresentavam interpretações curiosas da verdade.

Por exemplo, Chippindale escreveu que representantes da McDonnell Douglas e pilotos da Air New Zealand lhe disseram que, ao se aproximarem do Érebo, os pilotos teriam visto o vulcão exibido no monitor do radar na cabine de comando, então eles devem ter ignorado a aproximação cada vez maior da montanha. No entanto, a Bendix, fabricante do radar, disse que o ar da Antártida era seco demais para que a montanha fosse refletida pelo radar. Quando solicitado a fornecer nomes ou anotações que fundamentassem suas informações divergentes, Chippindale não pôde atender.

Após uma comissão designada para transcrever o gravador de voz da cabine de comando passar uma semana no escritório do NTSB em Washington, D.C., debatendo sobre cada palavra e ruído na fita, Chippindale e Gemmell reproduziram a gravação na casa de Chippindale e revisaram a transcrição. Chippindale então foi para o Reino Unido e analisou a transcrição sozinho outra vez, revisando-a novamente.

"Isso não se faz. Ninguém pode fazer isso", disse-me John Cox, especialista em segurança de aviação. Em seus anos como investigador de acidentes para a ALPA, Cox ouviu e colaborou com a transcrição de meia dúzia de gravadores de voz de cabines de comando, e considera essa parte a mais subjetiva da investigação. Se Chippindale achou que escutara algo novo ou diferente na gravação, Cox diz que o correto teria sido convocar novamente toda a comissão de análise do gravador. "Você vai lá e fala: 'Ouvimos de novo. Achamos que é preciso fazer as seguintes correções'."

Isso não aconteceu. Quando o texto foi publicado no laudo final, havia 55 alterações em cima do que a comissão havia estabelecido. Palavras e expressões que nenhum outro colaborador tinha ouvido foram acrescentadas, e uma conversa inteira que a comissão tinha aprovado fora suprimida.

A dúvida mais importante era se os pilotos realmente receberam ordens para permanecer a 16 mil pés durante a aproximação ao continente. Os controladores na Antártida talvez desconhecessem a restrição, porque liberaram o voo 901 para descer até 1500 pés. Mahon estava convencido de que nunca acatavam a proibição, porque era comum voos operarem entre 1500 e 3 mil pés. Repórteres que fizeram o passeio descreveram os voos em baixa altitude, assim como os redatores do material de marketing da empresa.

O laudo oficial de causa provável e o laudo da Comissão Real discordam em praticamente todos os elementos relevantes, exceto um: a Air New Zealand e a Divisão de Aviação Civil, que era responsável por regulamentar a companhia, não levaram a sério os perigos de voar sobre a Antártida.

Quando os voos começaram, havia uma série de pré-requisitos estabelecidos para reduzir os riscos. As tripulações deviam receber cartas de voo em um mapa topográfico. Eles não tinham. Devia haver dois comandantes em cada voo, mas essa exigência foi substituída por um comandante e dois copilotos. Todos os comandantes deviam fazer um voo sob supervisão. Essa regra foi abandonada porque os briefings supostamente seriam bons o bastante para eliminar a necessidade de experiência real de voo.

Acima de tudo, a circunstância especial que a CAD e a Air New Zealand ignoraram foi a que levou o voo 901 em direção à montanha: a omissão e a falta de treinamento dos pilotos para a natureza peculiar dos voos sobre a Antártida.

Quem conhecia Collins e Cassin como aviadores atenciosos e cuidadosos se revoltou com a forma injusta como a responsabilidade pelo acidente estava sendo atribuída a eles. Ainda assim, uma questão intrigava todo mundo: por que traçar um curso que daria na lateral de um vulcão? O dia estava limpo: as fotos feitas pelas câmeras dos passageiros revelaram amplas paisagens, e o sol brilhava de leste a oeste. É de supor que a vista de dentro da cabine de comando fosse a mesma, caso contrário Collins não teria informado que estava voando em condições de visibilidade.

Apesar disso, o laudo oficial do acidente concluiu que os pilotos estavam voando em meio às nuvens e que a descida foi imprudente. Para E. T. Kippenberger, chefe da CAD, "o comandante Collins deve ter sido afetado por algum problema médico ou psicológico súbito e não conseguiu perceber o perigo que estava se aproximando à sua frente".

Por fim, uma resposta mais sensata, que condizia com as evidências, veio de Gordon Vette, um piloto da Air New Zealand. Vette comandara um voo da Experiência Antártica. Tinha voado com todos os tripulantes que morreram no monte Érebo. Ele sabia que os pilotos acreditavam erroneamente estar voando sobre a enseada McMurdo. Ao ler a transcrição do gravador da cabine, ele percebeu que as referências de solo durante a aproximação ao monte Érebo possuíam uma semelhança infeliz e extraordinária com o que a tripulação teria visto em uma aproximação pela enseada McMurdo. Então ele se perguntou se alguma outra circunstância teria conseguido fazer com que a tripulação não enxergasse a obstrução de 3600 metros de altura. Por incrível que pareça, a resposta era sim.

Quando Collins desceu sob a camada de nuvens, o sol de verão ficou atrás da aeronave. À sua frente se estendiam 65 quilômetros de brancura uniforme: o branco do gelo sobre o mar alcançava o horizonte, onde se mesclava perfeitamente com um céu esbranquiçado pelos raios difusos do sol acima da cobertura de nuvens. O efeito poderoso da luz contra o branco eliminava os contornos visuais criados por texturas, sombras e profundidades. Nessas circunstâncias, não haveria como perceber as linhas que separam cada elemento da paisagem.

O dr. Arthur Ginsberg, diretor do Laboratório de Visão em Aviação na base Wright-Patterson da Força Aérea americana, confirmou o palpite de Vette de que havia motivo para o voo improvável e inexplicável dos pilotos seguir em direção ao vulcão. A tripulação não teria percebido a inclinação de treze graus, e depois dezenove, no tapete branco e liso diante do avião. Um piloto que desconhecesse a ilusão teria voado completamente de encontro ao Érebo.

O *whiteout** não era uma circunstância desconhecida quando a Air New Zealand fazia os voos da Experiência Antártica. Em seu laudo, Chippindale dedicou uma página e meia ao fenômeno. Mas o *whiteout* (e, mais especificamente, o *sector whiteout*, em que a visibilidade é afetada em apenas uma direção) não fazia parte do treinamento das tripulações designadas para a Antártida.

Diversos filmes e livros foram feitos para dissecar o escândalo do Érebo. Em *Verdict on Erebus*, seu livro sobre o caso, Peter Mahon afirma que, quando aceitou o trabalho, achou confiável o laudo que Chippindale apresentou ao Office of Air Accidents Investigations [Gabinete de Investigações de Acidentes Aéreos]. A princípio, imaginou que ratificaria uma análise bem elaborada e fundamentada, mas descobriu que as aparências enganavam. O que Mahon, estranho ao mundo da aviação, viu, como uma montanha bem adiante, foi

---

* Situação climática em que a aeronave se vê cercada por uma luminosidade branca uniforme causada por neve, ventos etc. (extraída a partir da definição da FAA, em <https://www.faasafety.gov/gslac/ALC/libview_normal.aspx?id=6844>). (N. T.)

uma companhia aérea estatal que havia realizado o que acabou chamando de "deliberada litania de mentiras".

A palavra final sobre o voo 901 da Air New Zealand não foi de Mahon. O inspetor-chefe Ron Chippindale redigiu uma réplica, em que declarava que a avaliação de Mahon continha "uma abundância de erros", e até hoje existem dois laudos conflitantes sobre o desastre.

Qual é a diferença entre isso e o acidente com a Arrow Air no Canadá, onde nenhuma causa provável foi considerada satisfatória, ou o de Hammar- skjöld, que já foi investigado quatro vezes e ainda é tido como inconcluso? Essas investigações problemáticas demonstram que a busca pela verdade nem sempre resulta em certeza, e que ambiguidade pode ser a melhor forma de acobertamento.

Quando o voo da Metrojet de Sharm El Sheikh, no Egito, com destino a São Petersburgo, na Rússia, caiu no Halloween de 2015, a confusão reinou mais uma vez. Os executivos da Metrojet anunciaram de imediato que não havia nada de errado com o avião ou os pilotos, e o então primeiro-ministro britânico David Cameron sugeriu que provavelmente o avião tinha sido des- truído por uma bomba. Em conformidade com acordos internacionais, coube aos egípcios conduzirem a investigação, e durante meses eles afirmaram que ainda era cedo demais para determinar o que havia acontecido.

Aquilo não fazia diferença, porque uma infinidade de reportagens con- cluiu que foi ação de terroristas; até uma matéria de capa do *New York Times* afirmou que não daria para confiar em uma investigação imparcial por parte dos egípcios.

Alguns dias após o desastre, conversei com Robert Siegel, da National Public Radio, no programa *All Things Considered*. Falei para Siegel que não devia ser nenhum mistério: todos os destroços estavam lá; os gravadores de dados de voo e de voz na cabine de comando haviam sido recuperados. O que eu não levei em conta foram os fatores externos, a postura de cada governo.

Os russos eram responsáveis por fiscalizar a operação de segurança da companhia aérea. Será que eles foram negligentes? Companhias aéreas euro- peias usavam o aeroporto de Sharm El Sheikh com frequência. Será que elas prestaram atenção suficiente à segurança no local? O Egito era quem tinha mais a perder; sua economia depende muito do turismo. O país foi diligente ao proteger a segurança dos turistas em seus aeroportos? Acabaria em pizza, como o *Times* sugeriu de forma descuidada, ou seus investigadores estavam atuando com responsabilidade ao evitar conclusões precipitadas?

Tanto quanto o metal no solo, esses elementos intangíveis da *realpolitik* se tornam parte da história, e o crescimento das viagens aéreas internacionais significa que, mais ainda do que no passado, a investigação de acidentes envolverá vários governos. A disputa de interesses supostamente proporciona equilíbrio e garante um resultado imparcial. Mas repito para você o que falei para Susan Williams: esses casos nos ensinam a tratar nosso otimismo com parcimônia.

Parte três

Falibilidade

São descuidos, lapsos, erros e violações. É tedioso, porque é muito banal. É como o dia a dia, é como respirar, é como a morte. Não tem nada de impressionante nisso.

JAMES REASON, PROFESSOR DE PSICOLOGIA

O progresso e suas consequências inesperadas

No verão de 2011, passei uma semana em Dubai com cem animados jovens de vinte e poucos anos que estavam em treinamento para serem comissários de bordo da Emirates Airlines. Eu estava escrevendo uma matéria em primeira pessoa sobre as transformações que a Emirates está trazendo à indústria ao recuperar o glamour das viagens aéreas.

No fim de minha estadia, voltei para Nova York de classe econômica, mas não fiquei na parte de trás do avião por muito tempo. Ao reconhecer um broche na minha roupa que indicava que eu participara de uma cerimônia de iniciação secreta para funcionários da Emirates, uma comissária de bordo curiosa me levou para uma poltrona vaga na classe executiva. Enquanto eu enfiava a mão em um pote de amêndoas salgadas e tentava não deixar o controle da minha TV muito sujo de gordura, a mulher voltou com uma notícia melhor ainda. Eu ia mudar de lugar outra vez, agora para a primeira classe, com uma poltrona ainda mais confortável e uma tela maior. Logo apareceu a comissária do spa — isso mesmo que você leu — para agendar minha vez de tomar banho no que, na época, era o único chuveiro de voo em aviões comerciais do mundo. Para falar a verdade, a ideia não parecia tão interessante assim, mas imaginei que não teria uma segunda oportunidade dessas.

Nua em pelo dentro do cilindro apertado e vendo no temporizador a contagem regressiva do meu limite de cinco minutos de água, fiquei fascinada, pensando em como as viagens aéreas haviam mudado. E você também deveria ficar.

O Airbus A380 em que eu estava pesa até 590 toneladas no momento da decolagem. Tem capacidade para 555 passageiros distribuídos em três classes ou até 853 passageiros na versão com apenas a classe econômica. É muito, muito diferente dos primeiros aviões de carreira, como o Avro-10 Fokker, com cobertura de lona e bancos de vime para oito passageiros, que voava pela Australia National Airways no começo dos anos 1930, ou o hidroavião Martin 130 com leitos para as longas rotas transpacíficas usadas pela Pan Am alguns anos mais tarde.

O avião do século XXI voa a onze quilômetros do solo, uma bolha quente que protege os viajantes da troposfera seca, frígida e rarefeita do outro lado das paredes da cabine. O francês Airbus A380, equipado com chuveiro, o também revolucionário Boeing 787 Dreamliner, fabricado nos Estados Unidos e tão sofisticado que é chamado de "rede de computadores com asas", o novo CSeries da canadense Bombardier, e o catálogo cada vez maior de E-Jets da brasileira Embraer, todos são exemplo do que a mente dos melhores engenheiros é capaz de produzir. Cada modelo novo incrementa a base de conhecimento. Até quando os engenheiros erram, seus equívocos se tornam tijolos para a fundação de um modelo novo e aprimorado.

Erro é uma palavra muito comportada, que sugere a possibilidade de gerenciamento. Mas um erro de um engenheiro aeronáutico é um convite ao caos. Aviões que não param na hora do pouso, que emitem alertas confusos para os pilotos, que explodem e pegam fogo ou mergulham de repente — esses são subprodutos imprevistos do progresso na aviação, e tem sido assim desde que Wilbur Wright disse à Sociedade Ocidental de Engenheiros em Chicago em 1901: "Se vocês querem segurança absoluta, é melhor se sentar em uma cerca e ficar observando os pássaros; mas, se querem mesmo aprender, devem se empoleirar em uma máquina e se familiarizar com suas peculiaridades fazendo experimentos de verdade".

Essas peculiaridades atingiram os irmãos Wright em 17 de setembro de 1908. Durante um voo de demonstração do Wright Flyer para o Exército americano em Fort Myer, na Virgínia, Orville Wright perdeu o controle do avião, que caiu. Ele ficou ferido, e seu passageiro, o tenente Thomas E. Selfridge, morreu. Não demorou muito para descobrirem o que havia acontecido: uma pá da hélice havia quebrado, atingindo um cabo que firmava a estrutura do avião. Isso acabou puxando o leme direcional, forçando a aeronave para baixo.

Conforme os aviões foram se tornando mais sofisticados, os fatores que provocavam catástrofes aumentaram em quantidade e dificuldade de diagnóstico.

Nenhum exemplo é mais citado do que os defeitos fatais de projeto do primeiro avião a jato comercial do mundo, o de Havilland Comet. O avião britânico do meio do século XX não foi apenas o primeiro avião de passageiros a jato; era um projeto inovador espetacular com quatro motores embutidos elegantemente nas asas. Parece futurista até para os dias atuais.

A história do Comet se concentra em sua propensão para se desintegrar no meio do voo, a falha mais dramática e divulgada, mas a aeronave tinha outros problemas. Acidentes inspiraram mudanças, e lições foram aprendidas. O que não mudou é a dificuldade dos engenheiros de saber de antemão todas as formas como uma ideia no papel vai funcionar na realidade.

Isso não é nenhuma surpresa. A criação de uma aeronave é um processo complexo, com níveis de decisões atrelados a sistemas que se tornam parte inextricável do todo. Voltar atrás em determinado elemento é o mesmo que tentar tirar os ovos depois de bater a massa do bolo.

No caso do Comet, vários problemas surgiram logo após os passageiros começarem a voar na aeronave. Em duas ocasiões, o avião não conseguiu decolar, caindo depois do fim da pista. Três outras ocorrências foram ainda mais misteriosas: os aviões simplesmente se partiram no céu.

A de Havilland talvez tenha sido a primeira fabricante de aviões a jato a voltar às pranchetas de desenho, mas de forma alguma foi a última. A alavanca dos *flaps* do DC-8, a porta do compartimento de carga do DC-10, os tanques de combustível de quase todos os aviões da Boeing — esses e outros componentes já foram reexaminados, reconfigurados ou reprojetados.

Em talvez uma das reformulações mais rápidas da história, a Boeing modificou o sistema de baterias de seu 787 Dreamliner após um bloqueio mundial da frota inteira por quase quatro meses em 2013. A cobertura incessante da imprensa sobre os elementos que a Boeing havia ignorado levaram Mike Sinnett, engenheiro-chefe do 787 Dreamliner, a admitir que criações revolucionárias nunca são compreendidas plenamente logo de início. Os "desconhecidos desconhecidos", em suas palavras, estão à espreita, e a transição rumo ao conhecido é um processo caótico e, às vezes, desagradável.

Praticamente toda revisão de projeto aeronáutico motivada por reveses inclui um "profeta Jeremias", o antigo detector do "desconhecido desconhecido" que expressa preocupação com um problema, mas que pode ou não ser levado em consideração. Para o Comet, o primeiro Jeremias foi o comandante Harry Foote, em 1952.

O piloto de 36 anos voava para a British Overseas Airways Corporation (BOAC).* Ele trabalhava com o falecido David Beaty, escritor de livros sobre aviação e também comandante da BOAC. Em seu livro *Strange Encounters: Mysteries of the Air*, Beaty conclui que o comandante Foote se suicidou aos 53 anos por ter sido ele o primeiro piloto a cair com o primeiro avião a jato do mundo.

O acidente aconteceu apenas seis meses após o voo inaugural do Comet com passageiros pagantes, no dia 2 de maio de 1952. Algumas semanas depois desse acontecimento histórico, houve o primeiro voo do Comet com membros da realeza. A rainha Elizabeth, sua irmã, a princesa Margaret, e a Rainha Mãe embarcaram para um voo circular de quatro horas a convite da de Havilland.

Tudo isso era uma proclamação de que o Comet não era apenas um avião novo; era o veículo que levaria a Inglaterra voando rumo ao futuro. A nação pós-guerra estava se levantando de novo e alçando voo. Produtos britânicos estavam voando para o mercado global.

E por que não? A tecnologia de jatos nasceu na Grã-Bretanha, inventada por um jovem cadete da RAF chamado Frank Whittle, que, aos vinte e poucos anos, patenteou a ideia para uma turbina movida a gasolina. E, embora os alemães tenham sido os primeiros a criar uma turbina que fosse capaz de impulsionar uma aeronave, Whittle ajudou a desenvolver o motor usado no DH-100 Vampire, o primeiro caça a jato monomotor da Inglaterra. Com essa vantagem tecnológica, os britânicos poderiam superar os fabricantes americanos Lockheed, Douglas Aircraft e Boeing, que vendiam aviões lentos e ruidosos movidos a hélice para companhias aéreas do mundo inteiro.

Em 1947, o governo britânico chamou Geoffrey de Havilland, o criador do Vampire, para construir o primeiro avião a jato comercial. A empresa levou menos de um ano para detalhar os atributos da nova aeronave, que eram impressionantes. Ela seria leve, com uma fuselagem fina de alumínio. Algumas partes seriam conectadas com cola, em vez de rebites, evitando o peso dos conectores de metal. E voaria alto. Enquanto a altitude de cruzeiro dos DC-6s

---

* Hoje conhecida como British Airways.

e DC-7s e dos Lockheed Constellations era de 24 mil a 28 mil pés (de 7300 a 8500 metros), o Comet subiria até 36 mil a 40 mil pés (11 mil a 12 200 metros). No ar mais rarefeito da altitude maior, o avião enfrentaria menos resistência e teria um consumo de combustível mais eficiente.

O lado negativo do voo a onze quilômetros do solo era que a cabine demandaria um nível de pressurização nunca alcançado. Para criar uma atmosfera interior equivalente a cerca de 2,5 quilômetros acima do nível do mar, seria preciso aplicar 8,5 libras de pressão por polegada quadrada nas paredes que separavam o lado de fora do de dentro.

Mais pressão e uma estrutura mais fina eram duas decisões que pesariam para os desastres que não tardariam a acontecer, mas não foram as únicas. Esses novos motores a jato alterariam sutilmente algumas características básicas do voo e também teriam repercussões.

Quando a guerra acabou, aviadores militares ocuparam as cabines de comando dos aviões da BOAC. Um deles foi Harry Foote, que pilotou o pesado bombardeiro Lancaster, de quatro motores, na RAF. Ele tinha 5868 horas de voo registradas e era considerado um dos pilotos de elite da companhia aérea, de acordo com Beaty, que afirmou que só os melhores eram selecionados para voar a maravilha tecnológica que era o Comet 1. Claro, até mesmo a elite teria relativamente poucas horas de voo no avião novo. Foote tinha apenas 245 no Comet em 26 de outubro de 1952, o dia que marcaria o começo do fim para Harry Foote e o Comet 1.

Desconhecidos desconhecidos

Pouco após as seis da tarde do dia 26 de outubro de 1952, o sol já havia se posto e estava chovendo quando o comandante Foote começou a rotação de decolagem da segunda parte da viagem de Londres para Johannesburgo. O avião, registrado como G-ALYZ, levava oito tripulantes e 35 passageiros. Conforme a aeronave acelerava pela pista no aeroporto Ciampino, em Roma, os pilotos esperaram a agulha do velocímetro indicar 150 quilômetros por hora. Quando atingiram essa velocidade, Foote puxou o manche e sentiu o nariz do avião se erguer. O trem de pouso principal ainda estava no solo, como devia, enquanto o avião continuava acelerando. A 220 quilômetros por hora, Foote puxou a haste de comando de novo para subir com o jato.

Até aquele momento, parecia uma decolagem normal, então ele deu ordem para o passo seguinte. "Recolher trem de pouso", disse para o copiloto. Porém, antes que o homem tivesse tempo de obedecer, a asa esquerda tombou e o avião virou para a esquerda. O Comet não estava mais ganhando velocidade, e os pilotos sentiram um solavanco, o que anunciava um estol. O avião caiu de volta na pista, sendo levado rumo à escuridão pela inércia.

Foote puxou o manete, interrompendo o mais rápido possível o fornecimento de combustível aos motores, mas o que fez o avião desacelerar foi a frenagem resultante do trem de pouso sendo arrancado por uma elevação do terreno. O avião parou a menos de dez metros da cerca do aeroporto. Felizmente, não houve incêndio, embora uma asa tivesse se rompido, despejando combustível no chão e exalando vapores no ar noturno. Os passageiros estavam abalados, mas ilesos.

Em novembro, uma investigação concluiu que a técnica de Foote, ao erguer demais o nariz da aeronave durante a rotação, foi o que causou o acidente. O piloto argumentou que não tinha acontecido isso. O avião tinha decolado após a rotação, mas não conseguira subir e acabou colidindo com o chão, com o nariz ainda elevado.

Havia muitas forças em ação contra Foote. O primeiro acidente com o extremamente aclamado Comet era o tipo de notícia que o dinheiro não consegue abafar. Manchetes e fotos nos jornais exibiam o G-ALYZ sem trem de pouso, com uma asa a menos e completamente arrasado no canto do aeroporto Ciampino. Até as pessoas da BOAC que acreditavam na versão de Foote não queriam ajudá-lo em seus esforços para reabrir a investigação, que levara menos de um mês para absolver o avião e culpar o piloto.

E então, apenas quatro meses depois, o comandante Charles Pentland, da Canadian Pacific Airlines, enfrentou um problema semelhante ao tentar decolar com o avião. O que começou como uma rotação de decolagem normal no aeroporto de Karachi, no Paquistão, acabou em um inferno mortal. O avião não transportava passageiros, só quatro tripulantes que trabalhavam para a companhia aérea e seis técnicos da de Havilland, e todos morreram.

A Canadian Pacific estava recebendo o avião encomendado que já fora batizado de *Empress of Hawaii* [Imperatriz do Havaí], porque a aeronave faria o trajeto Sydney-Honolulu do serviço transpacífico da empresa com destino a Vancouver. O *Empress* estava fazendo uma viagem de pequenos saltos. No primeiro dia, era de Londres a Karachi. O segundo começava às três da madrugada. Em uma manhã já quente e abafada, a tripulação se preparou para voar do Paquistão até Rangum, na Birmânia.*

Depois de mais de meio século, após décadas de pesquisas com o objetivo de aprimorar o desempenho dos pilotos, é fácil ver quantos aspectos do voo do *Empress* criaram perigos adicionais para o voo. Em especial, nenhum dos dois homens que estavam voando com o *Empress* tinha sequer a experiência limitada com aviões a jato dos pilotos do Comet da BOAC.

---

* Hoje Yangon, no Myanmar.

O comandante Pentland, gerente de operações internacionais da empresa, e o comandante North Sawle, de 39 anos, acumulavam milhares de horas de voo, mas o Comet era sua primeira experiência num jato comercial.

Em seu livro *Bush Pilot with a Briefcase*, a biografia de Grant McConachie, então presidente da Canadian Pacific, o escritor Ronald Keith descreve o treinamento de Pentland e Sawle como um "curso a jato". Apesar do trocadilho terrível, até os instrutores na escola de pilotos da de Havilland em Hatfield, Inglaterra, consideravam que os dois eram novatos durante o tempo que eles passaram lá.

Ironicamente, parte do que prejudicava seu desempenho no Comet era o grande nível de experiência que eles tinham em outras aeronaves. Pentland fora piloto na BOAC e na Imperial Airways antes de entrar para a CPA. O comandante Sawle era o piloto-chefe da CPA para voos internacionais. Ele já havia trabalhado como mecânico de aviação e construtor de aviões, pilotara aeronaves com flutuadores e esquis e, na juventude, aviões postais, de abastecimento e de passageiros para algumas das regiões menos hospitaleiras do norte congelado do Canadá.

O que Pentland e Sawle aprenderam em Hatfield "entrava em conflito com os instintos de piloto moldados por milhares de horas no controle de aviões convencionais", segundo Keith. Sobre a noite do acidente que os matou, Keith afirmou que "nenhum deles tinha feito uma decolagem noturna com o jato, nem pilotado o avião com muito peso".

No entanto, a empresa não apenas escolheu esses dois para pilotar um avião pouco conhecido para um voo de entrega que passaria por boa parte do planeta sem ninguém para rendê-los, mas também McConachie aumentara a pressão ao tentar atingir um recorde de velocidade entre Londres e Sydney, o que geraria boa publicidade. Foi uma decisão que Pentland chamou de "bastante difícil para nós que trabalhamos na cabine".

Naqueles tempos, a aviação era um mercado extravagante e implacável, com chefões como McConachie na Canadian Pacific, Juan Trippe na Pan Am, Howard Hughes na TWA e C. R. Smith na American. Esses homens comandavam superpilotos igualmente motivados que afirmavam prosperar no fio da navalha, imunes à fadiga e ao medo que afetavam homens comuns. Era uma dinâmica surreal, cheia de riscos. Basta dizer que Pentland e Sawle estavam fadados ao fracasso mesmo se o avião não tivesse tido tantos problemas de projeto.

Com o *Empress of Hawaii* abastecido com duas toneladas de combustível nos tanques das asas, o comandante Pentland taxiou pela pista e se preparou para a decolagem. Pentland ativou os freios e empurrou os manetes, injetando combustível nos quatro motores. Ele observou os medidores, esperando até os motores atingirem a potência necessária para que, quando ele soltasse os freios, o pesado avião saltasse adiante e começasse a rotação de decolagem.

Conforme percorria a pista, o avião passou de 160 quilômetros por hora. Pentland puxou o manche e elevou o nariz da aeronave. Ele esperava que a aceleração continuasse, mas, em vez disso, o avião persistiu em 185 quilômetros por hora, quarenta a menos do necessário para fazê-lo decolar.

Fosse por fadiga ou hábito, Pentland aparentemente esqueceu que o procedimento para decolar com o Comet era diferente. Durante a rotação, o nariz se eleva ligeiramente, apenas de três a seis graus: mais do que isso pode causar um estol, mesmo com o avião ainda no solo.

O avião já havia atravessado quase um quilômetro da pista e ainda estava longe de atingir a velocidade de decolagem. Preocupado, Pentland elevou ainda mais o nariz, mas o avião não ficou mais rápido. Nesse momento, a ficha deve ter caído. Pentland abaixou o nariz, e o pneu tocou a pista. Só então o avião começou a ganhar velocidade. Agora ele só precisava de alguns segundos de aceleração, mas eram segundos que ele não tinha.

O avião estava lento demais para voar e rápido demais para parar quando chegou ao fim da pista. O trem de pouso direito atingiu uma calha e fez o avião tombar de lado em uma vala seca e bater no barranco de doze metros de altura do outro lado. O Comet, novo em folha, se desintegrou e foi tomado pelo fogo quando duas toneladas de combustível irromperam dos tanques quebrados em uma nuvem explosiva.

Esse segundo caso, agora com vítimas fatais, expôs para um grande público o primeiro dos "desconhecidos desconhecidos" do Comet. Graças a sua experiência pessoal de quatro meses antes, Harry Foote sabia que havia algo errado. O laudo oficial talvez tivesse responsabilizado sua técnica de pilotagem, mas era relevante o fato de que a de Havilland havia revisto o procedimento de decolagem após o acidente dele.

De acordo com o novo procedimento, o piloto devia seguir com a rotação até atingir 150 quilômetros por hora e então voltar a abaixar o nariz do avião para acelerar. Esse foi o procedimento de decolagem que ensinaram a Pentland e Sawle quando eles chegaram para o treinamento no Comet no começo de 1953.

Em uma matéria para a *American Aviation*, William Perreault e Anthony Vandyk explicaram que, ao contrário dos aviões a pistão, em que os hélices "criam uma bolha de ar comprimido perto do solo que empurra a asa para cima", a asa do Comet com os motores a jato não contava com o benefício dessa espécie de colchão. A matéria dizia que os engenheiros da de Havilland haviam descoberto "uma pressão para baixo que pode causar estol". Para colocar o avião no ar, os pilotos eram orientados a erguer, baixar e, por fim, voltar a erguer ligeiramente o nariz do avião em velocidade de decolagem, uma técnica chamada "decolagem de Foote".

Apesar desses dois acidentes, na opinião do público viajante o Comet tinha decolado, seguindo uma rota estável rumo a outros três desastres e um mistério da aviação que chamaria a atenção mundial.

Embora a propensão do Comet 1 a sofrer estol em solo não tivesse relação com o problema de projeto que lançaria o avião na infâmia, a experiência pessoal de Foote com a primeira falha de projeto o transformou no crítico mais ferrenho do Comet. Ele nunca foi capaz de determinar qual era exatamente o problema do avião, em parte porque o único outro piloto que ele conhecia que sofrera estol em solo estava morto. Foote não sabia de outras ocorrências semelhantes. Durante uma série de reuniões com a British Air Line Pilots Association [Associação Britânica de Pilotos de Linha Aérea], em uma tentativa de reabrir a investigação que manchara sua reputação, Foote descobriu que outros oito pilotos de Comet da BALPA foram punidos por seu envolvimento em acidentes durante o período breve, porém letal, de um ano e meio em que o Comet 1 voara. Ele também percebeu que a de Havilland estava fazendo alterações associadas à questão do estol em solo. O procedimento de decolagem fora revisado uma segunda vez. Versões posteriores do avião tinham dispositivos de alerta de estol e um novo projeto de asa que oferecia maior sustentação.

Foote não parava de pensar no Comet porque ocorrências relacionadas ao avião insistiam em persegui-lo. Após seu acidente, a BOAC fizera Foote voltar a pilotar aviões a hélice. Ele considerou a mudança um rebaixamento, mas aceitou. Alguns meses após o acidente, Foote visitou o centro de treinamento em Hatfield; o comandante Pentland também estava lá, a fim de treinar para o Comet. Os dois foram para a estação de trem no mesmo carro, mas não conversaram. Foote disse a David Beaty, também piloto da BOAC, que o trajeto não foi muito agradável.

Imagine a cena: dois comandantes, um animado com o status iminente de comandante de avião a jato, o outro humilhado pelos problemas no mesmo avião e agora condenado a passar o resto da carreira voando com as obsoletas aeronaves a pistão. Era uma tragédia grega com dois personagens no banco traseiro de um carro.

Mais tarde, quando Foote ficou sabendo do acidente que matou Pentland, ele comentou sua preocupação com Beaty, sugerindo que, se alguém tivesse prestado atenção ao que ele havia falado sobre as estranhas características de decolagem do avião, Pentland e as outras dez pessoas a bordo do *Empress* poderiam ainda estar vivas. Sua opinião estava começando a ganhar força, porque, pouco tempo depois, a revista *Aeroplane* publicou uma visão semelhante. A matéria dizia que, após o acidente de Foote, "podia-se considerar" a probabilidade de um em 1 milhão para "erro humano", mas, com o acidente do *Empress* meros quatro meses depois, era preciso levar em conta o projeto do avião. Quando pilotos cometem o mesmo erro repetidamente, "deve-se presumir que é fácil demais cometê-lo".

Em 2 de maio de 1953, o primeiro aniversário do voo inaugural do Comet, Foote era o comandante de um cargueiro quadrimotor York com destino a Calcutá. Voando 6 mil metros acima dele, um Comet da BOAC seguia na mesma direção. O avião de Foote transportava carga; no avião a jato estavam passageiros felizes atendidos por uma equipe diligente. Após uma parada em Calcutá, muitos deles seguiriam viagem para Londres; vários passageiros estavam indo para a coroação da rainha Elizabeth, em 2 de junho.*

Levando em conta a diferença de velocidade do jato, o Comet aterrissou para reabastecer em sua viagem rumo a Delhi muito antes do vagaroso York de Foote, mas os dois pilotos se encontraram no aeroporto. Enquanto Maurice Haddon, o comandante do Comet, esperava o embarque dos passageiros atrasados, ele e Foote conversaram rapidamente e depois cada um seguiu para seu lado, Foote para o hotel, Haddon de volta para a cabine de comando do avião identificado com o código G-ALYV.

---

* A rainha Elizabeth já havia assumido o trono, mas sua coroação foi adiada em respeito a um período de luto pela morte do pai, o rei George VI, em fevereiro de 1952.

Quando o último passageiro do Comet se sentou, o avião saiu. Após a decolagem, o comandante Haddon confirmou a autorização para subir a 32 mil pés, quase 10 mil metros. Essa foi a última mensagem transmitida. Ao chegar ao hotel, Foote ficou sabendo que o Comet interrompera as transmissões. A BOAC tentou acalmar quaisquer receios. "Ainda não o classificamos como desaparecido", disse um porta-voz da empresa para o jornal *Times of India*. "Esperamos que o avião tenha descido em uma das pistas de emergência entre Calcutá e Delhi." Foote não estava tão otimista.

Ao amanhecer do dia seguinte, o avião dele era o único britânico que partiu com a Força Aérea indiana em busca do G-ALYV. Quarenta quilômetros a noroeste, Foote viu os destroços em uma região que só podia ser acessada a pé. Os fragmentos estavam espalhados por uma área tão ampla que parecia que o avião se desintegrara ainda no ar. Segundo seu amigo Beaty, quando Foote ouviu a notícia de que o avião desaparecera na noite anterior, ele teria previsto: "O avião deve ter caído".

A região onde o avião caiu podia ser remota, mas estava longe de ser inabitada. Durante uma noite de ventos de cem quilômetros por hora, tempestades de areia e chuvas torrenciais, moradores dos povoados descreveram ter percebido explosões e clarões. Um menino disse ter visto um avião sem asas voando baixo. No lugar onde os pedaços do Comet atingiram o chão, um homem disse ao *Times of India* que escutou gritos no meio do incêndio, "mas o calor estava tão forte que ninguém conseguia se aproximar".

Imediatamente se supôs que a tempestade causara o acidente. Um policial na cidade de Jangipara enviou um telegrama para Calcutá com a informação: AVIÃO DERRUBADO POR TORMENTA. Quando os investigadores começaram a trabalhar, viram que a extremidade das duas asas se separou do avião, o que explicava a "máquina sem asas" que os moradores locais viram. No laudo que o governo emitiu um mês depois, o inspetor de acidentes indiano foi circunspecto, explicando que seu painel enfrentara uma limitação de estrutura e dados e falta de tempo para conduzir uma investigação adequada. Segundo o laudo, seria preciso pelo menos mais um ano. Mas uma coisa era certa: "A aeronave sofreu uma falha estrutural completa no ar" durante uma borrasca. Em uma declaração conjunta, a BOAC e a de Havilland questionaram a conclusão dos indianos, dizendo que atribuir isso a "ventos intensos, compensação excessiva ou perda de controle por parte do piloto" era pouco mais do que especulação.

Para saber o que aconteceu de fato, a Royal Aircraft Establishment, o órgão de pesquisa e desenvolvimento do governo britânico, precisava determinar a ordem da fragmentação. Embora a causa oficial para a perda dos dois primeiros Comets da BOAC tivesse responsabilizado os pilotos, dessa vez era improvável que a causa tenha sido a ação do piloto, segundo a de Havilland e a BOAC. Se a intenção era proteger a reputação do programa de treinamento da companhia aérea e a integridade de um avião a jato que já havia sido vendido para empresas do mundo inteiro, o efeito foi desigual. As empresas não sentiram confiança; encomendas foram canceladas no Japão, no Brasil e na Venezuela. Contudo, entre os passageiros, o avião continuava popular. A BOAC não tinha nenhuma dificuldade para vender passagens para voos no Comet.

Antes mesmo do acidente em Calcutá, a de Havilland já vinha realizando outras pesquisas para determinar se o avião estava sofrendo fadiga do metal. A empresa decidira fazer esses estudos com base no que estava descobrindo sobre idade e fadiga em seus aviões de transporte usados pela RAF. De início, o objetivo principal era examinar as asas, mas logo o Ministério de Abastecimento do Reino Unido, encarregado dos aviões militares, e o Air Registration Board [Conselho de Registro Aéreo], responsável pelos civis, pediram que a de Havilland ampliasse o estudo. Robert H. T. Harper, chefe de engenharia estrutural da de Havilland, aceitou.

O trabalho começou em julho, e os técnicos passaram a aplicar repetidamente na cabine pressões superiores à que seria experimentada durante o voo. Em setembro, os engenheiros descobriram rachaduras minúsculas que estavam surgindo na fuselagem, nos cantos das janelas quadradas do avião.

Isso parece um momento "eureca!", mas espere um pouco. Em vez de se preocuparem, os examinadores se sentiram tranquilizados. A pressão aplicada nas paredes da cabine durante os testes era tão maior do que o avião sofreria durante o voo que "o resultado foi considerado uma comprovação da ampla margem de segurança da cabine do Comet".*

O que a de Havilland não percebeu foi que as condições de teste ofereciam um apoio adicional à estrutura que não existiria durante o voo. Foi um

---

* "Report of the Court of Inquiry into the Accidents to Comet G-ALYP on 10th January, 1954 and Comet G-ALYY on 8th April, 1954", Disponível em: <http://lessonslearned.faa.gov/Comet1/G-ALYP_Report.pdf>. Acesso em: 7 mar. 2017.

descuido crucial, que levou os investigadores a uma falsa consideração acerca da resistência da cabine sob pressão. Esse mesmo tipo de erro seria cometido sessenta anos mais tarde, durante os testes do revolucionário Boeing 787 Dreamliner.

As asas do Comet também passaram por testes de pressão, e em dezembro, de forma muito semelhante, começaram a surgir rachaduras minúsculas. Porém, nesse caso, os engenheiros ficaram bastante preocupados. A pressão tinha sido aplicada pelo equivalente a 6 mil horas, e isso não era muito tempo de voo. Diversos Comets já haviam voado mais do que isso. A BOAC instituiu imediatamente um programa de inspeção em seus aviões.

Durante o Natal, a fabricante e a companhia aérea discutiram se isso bastaria. Será que as asas precisavam de modificações? O debate continuou até ser interrompido por outro Comet que se desfez no céu.

Foi o avião original — o primeiro jato comercial a transportar passageiros, o avião que havia aparecido nos filmes de cinejornal. Agora ele estava em pedaços no fundo do mar e 35 pessoas estavam mortas.

O desastre aconteceu em 10 de janeiro de 1954, um domingo ensolarado. O comandante Alan Gibson, de 31 anos, e o copiloto William John Bury, de 33, decolaram sem incidentes de Roma para o último trecho de uma viagem que havia começado em Karachi. De Roma a Londres seriam apenas duas horas e vinte minutos de voo.

O comandante Gibson estava subindo até 26 mil pés (8 mil metros), e fazendo uma comunicação pelo rádio com um piloto da BOAC em outro avião, mas a transmissão foi interrompida no meio da frase. A 30 mil pés (9150 metros), o meio da cabine de passageiros se rasgou e abriu. A cauda, o nariz e a parte das asas a partir dos motores embutidos foram arrancados com uma força para baixo. A cauda continuou quase inteira conforme o avião caía pelo ar e mergulhava de boca aberta no mar.

Antes do rompimento na cabine, os passageiros estavam sentados em pares nas duas laterais do corredor central do avião, em poltronas acolchoadas que talvez os tenham feito sentir como se estivessem tomando drinques na sala de estar de algum amigo. Quando o avião se partiu, alguns passageiros foram lançados para fora da fuselagem aberta. Outros quinze se chocaram com o que restou da antepara frontal rompida, que continha uma estante de livros e um bebedouro. As asas arrancadas expuseram os motores e despejaram querosene inflamável, que logo pegou fogo. As chamas se espalharam para dentro, queimando os corpos dos que continuaram na cabine.

Assim como no rompimento do G-ALYV durante o voo nos arredores de Calcutá, o G-ALYP se desfez em inúmeros pedaços, caindo em uma cacofonia de explosões e fumaça. Na Índia, as testemunhas moravam em cidadezinhas no meio da floresta. Na Itália, eram pescadores que assistiram durante três longos minutos enquanto o avião e seu conteúdo caíam no mar perto da ilha toscana de Elba. Eles saíram às pressas com seus barcos e encontraram os únicos corpos que seriam recuperados, os quinze que ficaram presos na antepara.

As autópsias realizadas pelo dr. Folco Domenici, diretor do Instituto de Medicina Legal de Pisa, forneceriam pistas importantes sobre o que aconteceu. Os órgãos das vítimas mostraram que o avião sofrera uma descompressão em grande altitude por uma fração de segundo, e contusões indicaram que elas tinham morrido ao colidir com a divisória da cabine.

Os investigadores demoraram algum tempo para reconhecer o valor dessas informações, mas o efeito mais imediato talvez tenha sido proporcionar um resquício de consolação às famílias das vítimas: seus entes queridos não haviam sofrido. A morte foi instantânea.

Coletaram-se destroços flutuantes, incluindo a fuselagem traseira, os motores e a parte central da asa, mas o resto do avião permaneceu 180 metros debaixo da água no mar Tirreno. Essa profundidade era o dobro da que os mergulhadores de resgate britânicos eram capazes de atingir na época.[*] Não seria fácil recuperá-lo, e definitivamente não seria rápido.

Investigadores da BOAC, da de Havilland e do Air Accidents Investigation Branch [Setor de Investigação de Acidentes Aéreos] do Ministério dos Transportes britânico preferiram se concentrar nos aviões a que tinham acesso. Todos os sete Comets da BOAC foram retidos em terra para, de acordo com a companhia aérea, uma medida prudente "a fim de permitir um exame técnico detalhado e meticuloso de cada aeronave da frota de Comets".

A de Havilland se lançou atrás de versões mais novas e seguras do avião. Os engenheiros examinaram as estruturas e os sistemas. Discutiram todos os panoramas possíveis. Elaboraram modificações para se resguardar de qualquer

---

[*] Tony Booth, *Admiralty Salvage in Peace and War 1906–2006: "Grope, Grub and Tremble"*. South Yorkshire: Pen and Sword Maritime, 2007.

coisa que pudesse ter acontecido, mesmo quando não havia prova alguma de que o problema em potencial tivera algo a ver com o desastre. Se os investigadores encontravam algo que não aconteceu, mas que poderia ter acontecido, isso se tornava um ajuste de alta prioridade. Preste atenção, porque não é todo dia que isso acontece.

Lord Brabazon, presidente do Air Registration Board [Conselho de Registro Aéreo] e membro do Air Safety Board [Conselho de Segurança Aérea], sintetizou o trabalho da seguinte forma: "Modificações estão sendo implementadas para cobrir qualquer possibilidade que a imaginação sugira como causa provável do desastre. Quando essas modificações estiverem concluídas e passarem por testes de voo satisfatórios, o conselho não vê motivo algum para os voos com passageiros não prosseguirem". Então, embora a causa dos acidentes ainda fosse um mistério, em 23 de março os Comets voltaram ao céu.

Um dos sete aviões submetidos às alterações descritas pelo Lord Brabazon era um Comet de dois anos e meio registrado como G-ALYY, com 2700 horas de voo. Em fevereiro, o avião passara por um teste de pressurização de onze libras por polegada para atestar sua integridade estrutural. O G-ALYY foi cedido à South African Airways para atender à rota Londres-Johannesburgo. Nos dias 2 e 7 de abril, o avião foi submetido a mais inspeções, talvez em excesso.

Um painel foi retirado do avião para dar acesso a um inspetor, mas não foi reinstalado corretamente. O avião saiu no primeiro trecho da viagem para Johannesburgo em 7 de abril. Quando o Comet chegou a Roma, os mecânicos ficaram horrorizados ao encontrar parafusos soltos dentro da asa direita e "uma quantidade equivalente de parafusos faltando" no painel do compartimento do trem de pouso. A abertura do avião para realizar uma inspeção havia criado um perigo. Parecia uma bênção não ter acontecido nada, mas a bênção não durou muito.

Outras questões de manutenção mantiveram o avião em Roma por um dia. Às 18h32 do dia seguinte, o comandante Willem Karel Mostert, de 38 anos, e o copiloto Barent Jacobus Grove, de 32, ambos ex-pilotos das Forças Armadas sul-africanas, decolaram com o avião e seus catorze passageiros. Parada seguinte: Cairo, a três horas dali.

As chamadas pelo rádio se davam normalmente. A tripulação entrou em contato a 7 mil pés (2100 metros), e depois a 11 mil pés (3350 metros). Quando o avião estava se aproximando de 35 mil pés (10 700 metros), eles fizeram uma transmissão que também informou aos controladores o horário de chegada antecipado no Egito. Depois disso, não se ouviu mais nada. Chamadas de Roma e do Cairo ficaram sem resposta.

Aquele cenário era familiar demais.

Levou apenas um dia para localizarem a mancha de óleo que indicava que o voo provavelmente tinha acabado no mar Tirreno, perto da ilha vulcânica de Stromboli. Seis corpos foram encontrados, junto com algumas poltronas de avião, mas, em uma região onde o mar chegava a mil metros de profundidade, o avião era tão inalcançável quanto se tivesse voado para o espaço sideral. Após concluírem que os destroços jamais seriam recuperados, as autoridades perceberam que os resultados da investigação sobre esse acidente, quaisquer que fossem, seriam uma extrapolação das conclusões sobre o acidente em Elba.

Os dois aviões haviam se desintegrado durante a subida mais ou menos na mesma altitude e com uma força tremenda. O avião que caiu em Elba fizera 1290 voos pressurizados; a South African Airways havia completado novecentos. Mais uma vez, as autópsias foram conduziras pelo dr. Domenici, que confirmou a ocorrência de uma descompressão súbita. A questão era o porquê.

O governo britânico revogou o certificado de aeronavegabilidade do Comet 1. Dessa vez, os aviões ficariam em terra para sempre.

Nesse quebra-cabeça, entrou um dos pensadores mais provocativos da época, Alan Turing, que decifrou o código Enigma dos alemães e inspirou o filme *O jogo da imitação*, de 2014. Turing desenvolveu o ACE (sigla em inglês para Motor Automático de Computação), uma máquina que automatizava equações complexas de modo a resolvê-las em menos tempo do que era possível aos seres humanos. Pedaços do G-ALYP recuperados do mar foram submetidos a testes exaustivos e a comparações com um Comet intacto, e, para isso, o computador Pilot ACE de Turing foi usado para executar os muitos cálculos necessários.

Os investigadores não confiavam completamente nessa novidade chamada computador. Na Royal Aircraft Establishment, em Farnborough, os operários também construíram um tanque enorme que poderia abrigar a fuselagem inteira de um Comet 1, com as asas expostas como se fossem braços para fora de uma camiseta. A partir do começo de junho de 1956, a cabine foi preenchida e esvaziada de água para criar 8,25 libras de pressão por polegada quadrada nas paredes. O objetivo era simular o efeito de um voo a 40 mil pés (12200 metros). Cada infusão e retirada de água durava cerca de três horas, o tempo de um voo típico do Comet. A cada dia, o avião de teste acumulava voos virtuais e sofria tensão de verdade.

Enquanto isso, as asas eram flexionadas para cima e para baixo, como se o avião estivesse voando. Após mil aplicações de força, fizeram um "voo de comprovação", e a pressão no interior do avião foi aumentada para onze libras por polegada quadrada.

Em 24 de junho, conforme a água era bombeada para dentro do avião durante o voo de comprovação, os medidores de pressão passaram de 8. Subiram para 9 e depois 10. Mas não passou de 10,4 libras de pressão, porque a fuselagem se rompeu no teto da cabine. Um fragmento de dois metros e meio se abriu em um rasgo que chegava a um metro de largura. O rasgo passava por uma parte que incluía o vão da saída de emergência.

Pode parecer o fim da história, mas não chega nem perto. Foi como se uma luz tivesse se acendido em uma trilha até então escura. Os investigadores viam para onde precisavam ir, mas não o que encontrariam ao chegar lá. Os esforços para recuperar os destroços do G-ALYP no litoral de Elba foram redobrados. Dois meses depois, quase 70% do avião tinha sido recuperado, o bastante para mostrar que uma rachadura por fadiga podia ter se originado em vários pontos.

O laudo da investigação sobre o Comet disse que não foi possível "estabelecer categoricamente o momento em que o rompimento da fuselagem começou", mas a linha comprida, errática e muitas vezes tênue que traçava o percurso desse mistério estava perto do fim.

Quando a investigação foi encerrada, o acidente em Elba se uniu, como gêmeos siameses, à tragédia que aconteceu quatro meses mais tarde perto de Stromboli. O laudo descreve toda a história, justificando até o fim as decisões das autoridades de aviação do Reino Unido quanto a manter o Comet no ar. Muitas pessoas, eu inclusive, achariam isso curioso. Mas, quando pergunto a quem já estudou a história do Comet, encontro alguns céticos.

A respeito da decisão final de permitir que o avião voasse após o acidente de Elba, ainda sem solução, Graham Simons, historiador da aviação e autor de *Comet! The World's First Jetliner*, afirma: "Só dava para fazer isso, pois ninguém fazia a menor ideia de qual havia sido o problema" do avião. Guarde essa ideia, porque Simons havia resumido não apenas a decisão de deixar o Comet voar de novo, mas também os tipos de análises de riscos e benefícios que fabricantes de aviões fazem desde então.

Desvio

O Boeing 737 de corredor único, introduzido em 1968, é o campeão de vendas entre os aviões de passageiros da empresa e já teve nove versões diferentes. Em 3 de março de 1991, um 737 da United Airlines caiu enquanto se preparava para o pouso em Colorado Springs, matando as 25 pessoas a bordo. Tinha sido um voo sem incidentes até pouco após as 9h43. O voo 585 vinha em aproximação, e a copiloto Patricia Eidson estava preocupada com a turbulência sofrida pelo avião que pousara antes deles.

"Vou olhar para esse velocímetro como olharia para minha mãe no último minuto de vida", disse Eidson para o comandante Hal Green. De fato, a descida estava complicada, conforme o avião acelerava e Green reclamava da dificuldade de controlar a velocidade.

"Uau", disse Eidson, e vinte segundos depois acrescentou: "Estamos a mil pés". O avião rolou para a direita, e os pilotos tentaram recuperar o controle. O gravador de voz da cabine indica que o comandante estava fazendo os preparativos para arremeter, abandonando o processo de aterrissagem para dar a volta e tentar de novo. A única comunicação entre os pilotos deixa claro que eles sabiam que o avião ia cair. "Meu Deus", diz a copiloto várias vezes. "Ah, não", diz Green um segundo antes do impacto.

Os investigadores cogitaram desde cedo que o acidente tinha a ver com o leme direcional, a placa vertical móvel na cauda que vira para os lados e controla o movimento do avião para a esquerda e a direita. Uma semana antes do acidente, duas tripulações que voaram com o avião relataram problemas concernentes ao funcionamento do leme direcional, incluindo movimentos involuntários. Em julho de 1992, com a investigação ainda em curso, um mecânico da United disse ter encontrado uma anomalia durante uma verificação em solo de outro 737 da companhia. "O leme direcional podia operar na direção contrária da desejada pelos pilotos", declarou a empresa. A válvula principal de controle do leme direcional foi substituída pela Parker Hannifin, a empresa que a projetou.*

Ainda assim, passados quase dois anos analisando as provas, Tom Haueter, o investigador responsável do NTSB, não sabia afirmar com certeza se, e como, o leme teve algum efeito. A causa provável do acidente foi determinada como uma dentre duas circunstâncias possíveis: algum problema mecânico com o controle lateral da aeronave ou uma agitação atmosférica que fez o avião iniciar um rolamento descontrolado. No entanto, a partir daí, Haueter prestou atenção a qualquer dificuldade relatada com o leme direcional do 737.

Na família de aviões da Boeing, o projeto do leme do 737 era especial em vários sentidos. Em primeiro lugar, como o avião era menor do que o 727 e o 747, não havia espaço para duas unidades de controle de potência distintas e redundantes. Essa unidade, conhecida pela sigla em inglês PCU, é controlada pelo pedal do leme aos pés do piloto e, por meio de ação hidráulica, converte o comando em movimento da placa na cauda.

A Boeing conseguiu certificar a aeronave com um projeto inovador que incluía tanto o controle do leme quanto o controle reserva na mesma unidade. No suposto plano de cinto e suspensórios que a Boeing descreveu para a FAA, mesmo na improvável perda de ambos os sistemas de controle do leme, os pilotos ainda poderiam controlar os movimentos do avião usando placas das asas chamadas ailerons.

No entanto, dois aspectos do equipamento em operação não foram considerados quando a FAA certificou o avião em 1967. O primeiro foi que os dois cilindros da PCU eram "instalados à mão e deveriam permanecer juntos a vida inteira", segundo Haueter. Como o espaço entre os dois cilindros era extremamente apertado, só o bastante para permitir que uma válvula se movesse dentro da outra, partículas alojadas entre os cilindros podiam emperrá-los e fazer o leme se virar no sentido contrário, como um carro que vai para a es-

---

* Essa foi a primeira de quatro modificações feitas ao projeto da Parker Hannifin.

querda quando o volante gira para a direita. Não era frequente e não acontecia com todas as unidades. "Algumas nunca invertiam", disse Haueter quando conversamos sobre o caso anos mais tarde. "Algumas tinham uma sensibilidade extraordinária à inversão por causa da forma como foram feitas."

Quando essa rara situação acontecia de fato, o segundo problema imprevisto se revelava. Em velocidades mais baixas, os ailerons não tinham potência suficiente para compensar a força do leme. Isso só foi descoberto em 1994, quando outro Boeing 737 caiu, também em circunstâncias enigmáticas.

Em 8 de setembro de 1994, o voo 427 da USAir* despencou de uma altitude de 6 mil pés (1800 metros) durante um voo até então normal de Chicago para Pittsburgh. O avião estava atravessando a esteira de turbulência de um Boeing 727 da Delta. De repente, a aeronave rolou para a esquerda, pegando os dois pilotos de surpresa. Depois, o nariz do avião apontou para baixo. Em seu livro *The Mystery of Flight 427: Inside a Crash Investigation*, Bill Adair faz uma descrição apavorante da sensação vivenciada pelas 132 pessoas a bordo. "Deve ter parecido que elas chegaram ao topo de uma montanha-russa e começaram a primeira grande descida."

Os pilotos puxaram o manche, mas a asa esquerda continuou apontada para baixo, e o avião começou a girar para a esquerda, ganhando velocidade durante a queda. Desde a perturbação inicial até o impacto do avião em meio às árvores perto de Pittsburgh, passaram-se 28 segundos.

Foi uma investigação difícil. Os gravadores de dados do voo continham apenas alguns detalhes, mas nenhuma informação sobre a posição do leme direcional ou dos ailerons. Testes feitos com os componentes que controlavam o movimento lateral do avião não revelaram nenhum problema que pudesse ter feito a aeronave se comportar daquele jeito.

Porém, durante toda a investigação, a Boeing insistia que não havia nada de errado com o avião ou com o leme. "O leme estava fazendo o que lhe pediram para fazer", declarou Jean McGrew, engenheiro-chefe do 737, aos investigadores em janeiro de 1995. McGrew estava dizendo que os pilotos haviam usado os controles de forma equivocada, agravando o problema ao pisar no pedal do leme e puxar o manche, o que teria provocado um estol.

---

* A USAir foi rebatizada de US Airways em 1997. Em 2012, a empresa se fundiu com a American Airlines.

A Boeing se aferrou a essa posição durante dois anos. Depois, em outubro de 1996, Ed Kikta, um jovem engenheiro da companhia, estava reexaminando os dados de um teste anterior e descobriu que um mecanismo de segurança na unidade de controle do leme não funcionava como devia. Kikta simulava um emperramento quando o fluido hidráulico começou a se mover na direção errada, o que faria o leme virar para o lado oposto ao que o piloto esperava.

Após alguns testes posteriores organizados às pressas, a Boeing entrou em contato com a FAA, aceitando refazer peças defeituosas e fornecê-las às companhias que operavam 737. A Boeing começou uma campanha para ajudar os pilotos a entender a reação correta em caso de distúrbios durante o voo. John Cox, um comandante de 737 na USAir e membro da equipe de investigadores de acidentes, estava entusiasmado com o programa de treinamento. Entretanto, ele discordava da posição que a Boeing insistia em defender: de que as ações dos pilotos foram a causa do acidente.

Cox escutou diversas vezes o gravador de voz da cabine de comando. Segundo ele, a cada vez ficava mais claro que os pilotos "não faziam a menor ideia do que estava acontecendo. Eles nunca entenderam o que o avião estava fazendo ou por que ele rolava descontroladamente, e não conseguiriam controlá-lo".

Durante uma entrevista na época, John Purvis, então investigador de segurança aérea da Boeing, adotou uma abordagem semelhante, apresentando o reparo do leme direcional não como o conserto de um problema no avião, mas como uma precaução adicional. Ele me disse que "estamos fazendo um avião seguro ficar mais seguro". Eu ouviria a mesma história duas outras vezes ao longo dos quinze anos seguintes, quando a Boeing admitiu, sob pressão em ambas as situações, que seus projetos às vezes podiam apresentar riscos.

"Fale com o pessoal da engenharia. Eles vão dizer 'Não tem como acontecer, é perfeito'. Eu entendo", disse-me Haueter. "É que nem quando a polícia aparece e fala que o melhor aluno da turma assaltou uma loja de conveniência. Você não vai acreditar. Os engenheiros estão tão inseridos no sistema, conhecem tão bem o projeto, que não conseguem enxergar as falhas."

Em 1996, quando eu trabalhava como correspondente para a CNN, recebi um telefonema no meio da noite e soube do acidente com o voo 800 da TWA. Era um Boeing 747 com 230 pessoas a bordo, que explodiu treze minutos após a decolagem em Nova York com destino a Paris. Não houve nenhum chamado de socorro, apenas conversas normais na cabine de comando — e então, bam, o avião se partiu em três grandes pedaços e deixou um longo rastro de destroços no oceano Atlântico. O lugar onde esses pedaços caíram ajudaria os investigadores a determinar a sequência dos acontecimentos, mas não a causa da explosão.

Agentes federais receavam que tivesse sido um atentado terrorista, mas os investigadores do conselho de segurança concluíram que a explosão fora causada por uma falha de projeto.

O 747 e muitos outros modelos produzidos pela Boeing têm um tanque de combustível grande no espaço entre as asas — o centro estrutural do avião. Esse tanque era projetado para atuar também como radiador para os equipamentos de controle aéreo no ar localizados embaixo. No entanto, o tanque só funcionava desse jeito quando continha combustível suficiente para absorver o calor. Quando o tanque estava vazio, havia apenas vapores, que se aqueceriam como se o tanque fosse uma frigideira gigante no fogão. E o calor podia chegar a ponto de provocar uma combustão.

Em *Deadly Departure*, escrevi que a notícia chocante que veio à tona durante os quatro anos de investigação sobre o desastre foi que esse potencial inflamável era bastante conhecido. Fazia 35 anos que engenheiros da Boeing, reguladores federais de segurança aérea e parte da clientela de companhias aéreas da empresa já debatiam sobre a questão, devido a uma série de ocorrências similares desde 1963. Nesses outros casos, a Boeing se concentrou em identificar a fonte específica da ignição, em vez de considerar o risco mais grave de operar com um tanque cheio em um estado explosivo.

Estudos conduzidos para a investigação sobre o acidente do voo 800 demonstraram que tanques de combustível situados acima de equipamentos que produzem calor podem ser uma bomba-relógio em até um terço da duração do tempo operacional.

Nas décadas de 1960 e 1970, autoridades de segurança pediram a instalação de dispositivos que eliminassem o oxigênio, um componente indispensável para o fogo, nos tanques de combustível, prevenindo assim o risco de explosão. Durante o desenvolvimento do 747, a Boeing chegou a testar alguns sistemas projetados especificamente para isso. No entanto, a fabricante acabou descartando a ideia, alegando problemas quanto ao acréscimo de peso.

As recomendações para a proteção dos tanques de combustível surgiram em diversas ocasiões ao longo das décadas, mas a FAA aceitou a posição da Boeing de que, se as origens da explosão pudessem ser identificadas e reparadas, o projeto continuaria seguro. O que o desastre no voo 800 da TWA mostrou foi que sempre haveria origens desconhecidas. Teríamos que chamá-las de "desconhecidos conhecidos".

Em 2006, o Departamento de Transportes dos Estados Unidos publicou uma nova regra: todos os novos projetos de aviões precisariam incluir um sistema que protegesse o tanque contra explosões. O avião mais recente da Boeing, o 787 Dreamliner, conta com um sistema de prevenção de explosões no tanque que é resultado direto da investigação do acidente da TWA.

Portanto, é irônico que, depois de apenas catorze meses de operações, o 787, que já havia garantido uma vaga no panteão de aeronaves revolucionárias, tenha sido afastado de forma nada elegante — por quatro meses em 2013 — devido ao risco de incêndio e explosão nas baterias de íon-lítio do avião.

Os engenheiros do Dreamliner e do Comet partilhavam uma confiança excessiva em suas criações. "O Comet acolheu tecnologias novas antes que elas fossem plenamente compreendidas", explicou-me Graham Simons, o autor de *Comet*. "Com o Dreamliner, a Boeing forçou o mesmo limite. Pelo visto, eles esqueceram que forçar a barra é aumentar o risco de ela quebrar."

Delírio febril

Entre a cartela de clientes da Boeing no mundo inteiro, poucos são tão leais quanto as aéreas japonesas Japan Airlines e All Nippon Airways. A ANA foi quem lançou o 787 Dreamliner ao ser a primeira a encomendar cinquenta unidades em 2004. Dez anos depois, a companhia ainda é a maior operadora de 787s.

Havia muito orgulho nacional no 787, devido à quantidade de empresas japonesas que fabricavam peças para o modelo. A Fuji Heavy Industries, a Mitsubishi Heavy Industries e a Kawasaki Heavy Industries produziram peças enviadas para as montadoras da Boeing nos Estados Unidos.

Enquanto essas gigantes da indústria japonesa fabricavam as peças grandes, na histórica ex-capital japonesa Kyoto a fábrica de baterias GS Yuasa produzia um componente muito menor e mais obscuro, o que havia de mais moderno em sistemas de energia para transportes. Baterias de íon-lítio do tamanho de um micro-ondas e com o peso de um frigobar provocariam a maior controvérsia relacionada a projetos de aeronaves desde o Comet.

A primeira vez que eu vi um Dreamliner fora da fábrica foi em sua turnê mundial de seis meses. Ele chegou ao aeroporto internacional Bole de Adis Abeba em dezembro de 2011. O comandante Desta Zeru, da Ethiopian Airlines, com seu elegante uniforme verde-escuro, estava no controle do primeiro voo do novo avião rumo ao continente africano. A Ethiopian foi uma das primeiras a adquirir o 787, com uma encomenda de dez unidades.

A Ethiopian também era um novo membro da Star Alliance, a maior rede de companhias aéreas do mundo, então a empresa organizou uma festa luxuosa de três dias para comemorar. A Boeing criou um grande espaço de reuniões a bordo do avião e convidou jornalistas para uma coletiva de imprensa e um tour pelo modelo.

É claro que todo mundo adorou ver o avião exposto. Com três anos de atraso para o público, o avião às vezes era chamado de sete-*late*-sete,[*] e a Boeing já estava farta de receber críticas por não conseguir cumprir as datas de entrega que ela própria estabelecia.

No entanto, no fim de outubro de 2011, quando o primeiro Dreamliner começou a fazer viagens para passageiros pagantes da All Nippon Airways, o avião que ditava as regras no momento também ditou as manchetes nos jornais. "Os motores não rugem; eles ronronam." Os passageiros estavam "ansiosos". Os motores "bebericavam combustível", e a cabine de passageiros "brilhava", e esse foi só um artigo[**] em meio aos milhares que foram escritos no mesmo espírito depois que o avião começou a voar de fato. O presidente Barack Obama descreveu o Dreamliner como "o exemplo perfeito do engenho americano".

Os japoneses adoram viajar de avião, e eles também acolheram o 787. Kenichi Kawamura trabalha como conselheiro para o pai, um político de Tóquio. Por causa do trabalho, ele precisava fazer viagens aéreas semanais entre sua casa em Yamaguchi e o gabinete do pai. Kawamura, que se define como um entusiasta da aviação, sabia que estava viajando em um avião especial em 16 de janeiro de 2013.

Passados dezoito minutos da viagem de uma hora e meia do voo 692 da ANA rumo ao aeroporto Haneda, o Boeing 787 Dreamliner embicou para baixo de repente. Kawamura pegou o copo segundos antes de a bebida cair da bandeja. Ele nunca havia passado por um deslocamento tão rápido e me disse que "foi uma queda brusca e muito íngreme". Ao ver o perfil do voo, um experiente piloto de linha aérea descreveu a situação como estar no banco traseiro de um carro enquanto o motorista corre pela estrada e, de repente, pisa no freio.

---

[*] Brincadeira com a proximidade sonora entre as palavras inglesas *eight* (oito) e *late* (atrasado). (N. T.)

[**] John Boudreau, "In Praise of the 787's Emotional Experience". *San Jose Mercury News*, 25 set. 2012.

"E então senti um cheiro de plástico queimando", disse Kawamura. Os comissários de bordo estavam andando às pressas de um lado para outro no corredor, recolhendo os copos e as tigelas em que haviam acabado de servir o missô. Quando um comissário se aproximou de sua fileira, Kawamura fez menção de perguntar o que estava acontecendo, mas se calou quando uma voz irrompeu no sistema de comunicação. "Aqui quem fala é o comandante", disse a voz, segundo Kawamura. Na realidade, era o copiloto de 46 anos, um dos primeiros pilotos da companhia a obter a certificação para pilotar o Dreamliner.

Kawamura se lembra de ter sido informado de que "há fumaça, estamos sentindo cheiro de fumaça". "Precisamos fazer um pouso de emergência." Até aí já estava claro. Kawamura sentiu alívio ao ouvir o piloto dizer que os instrumentos na cabine de comando não indicavam nenhum problema.

Na realidade, os pilotos receavam que os instrumentos de voo estivessem fornecendo informações incorretas. Assim que concluiu o aviso, o copiloto disse ao controle de tráfego aéreo que havia "fumaça fina, talvez de um incêndio na parte elétrica". A bateria principal tinha pifado. Os pilotos queriam pousar "assim que fosse viável", disse ele.

O drama da tripulação começou dezesseis minutos depois da decolagem, enquanto eles subiam com o avião por 32 mil pés (10 mil metros) até se nivelar a 41 mil pés (12 500 metros) de altitude. A voltagem da bateria principal, que fornecia energia de emergência em caso de pane nos outros sistemas, caiu. E não foi uma queda sutil: despencou de 31 volts para onze em dez segundos. No entanto, os pilotos não sabiam disso. O primeiro alerta foi um aviso de que as luzes de emergência no chão e nas saídas da cabine tinham se acendido.

O copiloto só teve um instante para se perguntar o que havia acendido as luzes, porque todo o restante parecia funcionar bem. E então ele sentiu cheiro de algo queimando.

Com relação ao seu trabalho, pilotos costumam adotar um ar presunçoso. Mas, se existe uma kryptonita para aviadores, é o fogo. Segundo o comandante James Blaszczak, piloto de Dreamliner aposentado, era um "problemão", referindo-se à maneira como a tripulação da ANA teria reagido.

Nove dias antes, o Boeing 787 da Japan Airlines (JA 829J), com apenas 169 horas de voo e 22 pousos, estava estacionado no pátio do aeroporto internacional Logan, em Boston, quando um mecânico ligou para Ayumu Skip

Miyoshi, gerente da estação da companhia aérea, e relatou que havia "fumaça dentro da cabine".

A princípio, Miyoshi ficou confuso. "Você está dizendo que um dos passageiros fumou no banheiro?", perguntou ele. A resposta foi: "Fumaça dentro da cabine da aeronave". Miyoshi saiu às pressas para o pátio e, ao se aproximar, viu outro mecânico correndo em direção ao avião levando um extintor de incêndio. Havia fumaça saindo da baia de equipamentos eletrônicos. Os bombeiros disseram que, ao chegarem, a bateria estava chiando, borbulhando e estalando enquanto labaredas pulavam dos conectores da caixa azul da bateria. Levou uma hora e quarenta minutos para conseguirem controlar a fumaça. O conteúdo da bateria continuou queimando até exaurir todo o combustível que alimentava o fogo.

Todo operador do Dreamliner ficou sabendo do caso de Boston em questão de minutos. Eu estava entrevistando Robert Crandall, ex-chefe da American Airlines, em sua casa na Flórida quando a esposa dele nos interrompeu com a notícia. A CNN estava fazendo a cobertura ao vivo. O avião já havia sido encomendado por 47 companhias aéreas do mundo inteiro. Se a reação de Crandall era uma indicação de outros executivos de aviação, todo mundo devia estar com os olhos grudados na CNN.

Já haviam sido identificados alguns problemas de entrada em serviço, como vazamentos em bombas de combustível e fraturas no eixo das turbinas, que, no entanto, foram considerados o tipo de falha característica que os operadores já esperam em projetos novos. O fogo na bateria, por sua vez, não era nada insignificante.

Fogo, fumaça e aviões não combinam — nunca. Ou, como o comandante Blaszczak me falou, "se houver qualquer indício de fumaça ou fogo, a definição de eternidade é o tempo que leva de agora até o momento em que conseguirmos pousar o avião".

Incêndios não são ocorrências comuns em desastres aéreos. Cerca de 16% dos acidentes com aeronaves comerciais apresentam incêndios; embora o percentual seja ainda menor quando ele é a causa principal. Isso se deve ao enorme esforço despendido para minimizar esse risco, uma tarefa difícil, considerando que os motores funcionam à base de combustão. A atenção dedicada à prevenção de incêndios é tão grande assim porque um incêndio durante o voo pode se transformar em catástrofe em muito pouco tempo.

Em um voo da Swissair de Nova York para Genebra em 1998, os pilotos acharam que a fumaça na cabine de comando se devia a um pequeno problema no ar-condicionado. Enquanto tentavam identificar a origem, eles demoraram quatro minutos para aplacar o que acabou se revelando um incêndio elétrico no espaço localizado acima do teto da cabine. Arcos voltaicos, descargas elétricas de alta temperatura ocorridas em lacunas da fiação, haviam queimado materiais de isolamento muito inflamáveis, e o fogo se espalhou rapidamente. Passaram-se apenas 21 minutos entre os primeiros sinais de fumaça e a queda do avião no oceano Atlântico, no litoral de Nova Scotia, matando todas as 229 pessoas a bordo.

No laudo do acidente,* o Transportation Safety Board of Canada [Conselho Canadense de Segurança nos Transportes] concluiu que, em caso de incêndio, os pilotos têm entre cinco e 35 minutos para pousar o avião. Só isso.

O voo 111 da Swissair "foi um caso seminal na história da aviação", disse Jim Shaw, um comandante de companhia aérea que participou da investigação do acidente em nome da Associação de Pilotos de Linha Aérea. Muitas lições foram aprendidas. Para Shaw, uma das mais importantes foi o erro na decisão da FAA de permitir que a McDonnell Douglas continuasse a usar Mylar metalizado (politereftalato de etileno, se você fizer questão de saber) no isolamento das paredes de seus aviões, mesmo quando outras autoridades de segurança já haviam determinado que o material era inflamável.

Foi uma decisão curiosa. Nas décadas anteriores ao acidente, as fabricantes de aeronaves foram obrigadas a substituir todo material e tecido usado no interior dos aviões por materiais que fossem resistentes a fogo e antichamas. Assentos, divisórias, carpetes, cortinas — tudo precisava ser feito de substâncias que não queimassem com facilidade e que apagassem sozinhas, de modo que, em caso de fogo, as chamas não se espalhassem mais do que alguns centímetros. As normas passaram a valer para todos os aviões construídos após 1990 e incluíam o MD-11 do voo 111 da Swissair.

Portanto, é provável que você esteja se perguntando o que o Mylar metalizado estava fazendo no avião da Swissair, se ele era inflamável. A resposta é

---

* "Aviation Investigation Report A98H0003", Transportation Safety Board of Canada. Disponível em: <http://www.tsb.gc.ca/eng/rapports-reports/aviation/1998/a98h0003/a98h0003. asp>. Acesso em: 7 mar. 2017.

que não era proibido porque estava localizado fora de áreas de incêndio. Sem uma fonte de ignição, o potencial inflamável do material de isolamento não tinha importância, ou era o que se pensava na época.

No entanto, tinha importância, porque a área de isolamento estava cheia de cabos de energia, lâmpadas, baterias e fiação. Uma fagulha em qualquer um desses componentes podia começar um incêndio, e foi o que aconteceu com o voo 111 da Swissair.

Após o acidente, as autoridades de segurança disseram que o Mylar precisaria ser removido de 1200 aviões. O esforço levou anos, e, na época em que a remoção estava perto do fim, a Boeing tentava convencer a FAA de que outro material altamente inflamável, as baterias de íon-lítio com óxido de cobalto, devia ter permissão para suprir a energia do novo avião que a empresa estava desenvolvendo, o Boeing 787 Dreamliner.

Usina

No mundo pós-Onze de Setembro, o bimotor de capacidade média e longo alcance na prancheta da Boeing era o avião mais aguardado desde o Boeing 747, que redefinira o conceito de viagem nos anos 1970 ao abrir os céus para todo mundo. Quarenta anos depois, o 787 permitiria que as companhias aéreas fizessem rotas entre cidades distantes de menos circulação sem ter que depender de voos lotados. Claro, qualquer companhia é capaz de vender 450 assentos em um voo de Londres para Nova York, mas o mercado entre Houston e Lagos, Auckland e San Francisco, Toronto e Tel Aviv seria menos movimentado. Um avião menor e de consumo mais eficiente de combustível que fosse capaz de voar por 13 mil quilômetros, quase um terço da circunferência da Terra, seria uma revolução.

Duas características distinguiam o Dreamliner de todos os outros aviões da época. A primeira era o fato de que a Boeing havia eliminado uma quantidade imensa de alumínio da estrutura do avião, tal como a de Havilland fizera décadas antes. Enquanto a de Havilland simplesmente usou uma fuselagem mais fina (e acabou engrossando em modelos posteriores), a Boeing substituiu o alumínio por fibra de carbono, mais leve e resistente.

A segunda diferença foi típica do século XXI: o avião teria uma demanda elétrica incomparável. Segundo divulgava o material de imprensa da Boeing, seis geradores converteriam a energia dos motores em eletricidade, criando cinco vezes mais energia do que qualquer outro avião, suficiente para abastecer quatrocentas residências. O 787 seria praticamente uma usina elétrica voadora, sustentando as próprias necessidades, que eram enormes. A Boeing trocou os controles de voo mecânicos e os pesados cabos de aço inoxidável por controles eletromecânicos que ativavam a pressurização da cabine, os freios, os *spoilers*, o estabilizador e a proteção antigelo das asas.

Uma parte fundamental desse novo plano de produção, armazenamento e distribuição de energia era o uso de duas potentes baterias de íon-lítio, que forneceriam a energia de inicialização, alimentariam alguns sistemas eletrônicos e de iluminação de emergência e serviriam de fonte independente de energia para as caixas-pretas.

Nem todas as baterias de íon-lítio são iguais. Existem baterias com manganês, fosfato de ferro, titanato, enxofre, iodo e níquel. Cada elemento ou composto tinha suas vantagens e desvantagens. Os nomes se referem à combinação de materiais usados para deslocar íons de uma tira de metal com revestimento químico para outra, através de uma folha permeável fina, tudo embrulhado em um rolo gelatinoso e inserido em uma lata metálica, que depois é vedada e chamada de célula. O deslocamento dos íons gera eletricidade. A eletricidade é coletada e armazenada até ser usada para fornecer energia. E agora você sabe como as baterias funcionam.

De todos os tipos de baterias de íon-lítio, a de óxido de cobalto era a que tinha a melhor relação energia-massa, isto é, era a que gerava a maior quantidade de energia e tinha o menor peso e tamanho. Também era cobiçada por outros atributos: carregava rapidamente e mantinha a carga por mais tempo do que outras baterias. Era um pouco mais cara do que baterias de chumbo ácido, mas, como já era produzida em grande escala, seu custo era menor do que o de qualquer outro tipo.

No entanto, Jeff Dahn, professor de física e ciências atmosféricas na Universidade Dalhousie em Halifax, destacou que, para o que a Boeing estava tentando realizar, o óxido de cobalto "não era adequado" porque "tem propriedades de segurança inferiores em comparação com outras opções". Ele se referia ao que foi descrito como o maior recall industrial de todos os tempos.

Em 1991, a Sony Energy Devices do Japão detinha a patente de uma das fórmulas usadas para produzir óxido de lítio-cobalto. Passados cerca de treze anos, tornou-se um produto que valia bilhões de dólares e fornecia energia a computadores, equipamentos de comunicação e produtos eletrônicos.

Segundo um artigo feito em 2005 para a Associação Internacional de Estudos em Segurança contra o Fogo, as baterias tinham tendência a esquentar sozinhas, acabando por provocar fogo e explosões. Alguns casos de combustão espontânea haviam sido registrados em vídeo e publicados no YouTube, onde qualquer um poderia ver imagens perturbadoras de celulares e laptops fervilhando e soltando labaredas em áreas de embarque de aeroportos e salas de reunião.

Na época em que a Boeing escolheu o íon-lítio, em 2006, a U.S. Consumer Product Safety Commission [Comissão de Segurança de Produtos de Consumo dos Estados Unidos] anunciou o recall das baterias usadas nos dispositivos vendidos por empresas como Lenovo, Dell, Toshiba e Apple. Só a Dell teve que retirar do mercado em agosto daquele ano cerca de 4 milhões de baterias. "Os consumidores precisam parar de usar essas baterias imediatamente e entrar em contato com a Dell para receber uma substituta", dizia um aviso de recall da comissão.

Tratava-se de uma notícia muito importante, mas, ao mesmo tempo, a Boeing insistia junto à FAA em um plano de usar baterias de íon-lítio no Dreamliner. A empresa avançava cautelosamente pela burocracia, mas sem chamar a atenção do público. A FAA disse à Boeing que, se eles quisessem usar a tecnologia, teriam que atender aos termos de uma condição especial, porque não havia nada nas normas existentes acerca de projetos de aviões que tratasse dessa "tecnologia nova".

Segundo a FAA, havia limitada experiência, e a pouca que existia não era boa. Quando o órgão pediu a opinião do público, só uma organização se pronunciou, o sindicato que representava os pilotos que, no fim das contas, acabariam voando com o avião.

"Nós nos envolvemos porque sempre tivemos preocupações", disse Keith Hagy, o diretor de segurança da ALPA, ao explicar por que o sindicato escreveu diversas cartas à FAA durante o processo. Hagy não estava tão confiante de que a Boeing conseguisse proporcionar segurança ao 787 enquanto usasse baterias com um passado tão problemático. "Quando começam a queimar, elas não apagam nunca", disse ele.

A ALPA não contava com uma fonte muito rica de pesquisas. O material disponível ao público era tão escasso que a organização se baseou em um único documento, "September 2006, Flammability Assessment of Bulk-

-Packed, Rechargeable Lithium-Ion Cells in Transport Category Aircraft" [Setembro de 2006, Avaliação de Flamabilidade de Grandes Volumes de Células Recarregáveis de Íon-Lítio em Aeronaves de Transporte], da FAA. Mas esse artigo nem sequer tratava do fornecimento de energia por baterias de íon-lítio em aviões; ele abordava as formas de transporte aéreo dessas baterias como carga. O que chamou a atenção de Hagy foi que nem a Boeing sabia muito sobre as baterias.

Independentemente da escassez de informações ou dos esforços insuficientes para obtê-las, a indústria de baterias contesta a noção de que baterias de íon-lítio eram uma nova fronteira. Elas talvez não estivessem sendo usadas em aviões, mas já vinham sendo analisadas pela Nasa desde 2000. A divisão espacial da Boeing gera 10 bilhões de dólares por ano, cerca de 12% da receita total média da empresa, mas, de acordo com um cientista que conhece o processo de desenvolvimento de baterias, a divisão de aviões comerciais da empresa nunca pediu nenhuma informação ou ajuda a ninguém do departamento espacial, nem ao menos para conferir o esquema de baterias do Dreamliner antes do ocorrido em janeiro de 2013.

E tampouco a experiência dos fabricantes de carros pareceu interessar, apesar de já fazer quase uma década que carros elétricos estavam sendo estudados. O Tesla Roadster, um carro elétrico sofisticado, estava em desenvolvimento em 2006 e usava a mesma fórmula de óxido de cobalto da Boeing, mas as duas empresas não trocaram informações.

O recall da Product Safety Commission prosseguiu durante o verão e no começo do outono de 2006. Cada vez mais empresas de computadores pediam aos consumidores que parassem de usar as baterias que vinham com seus laptops e solicitassem um substituto grátis. E, com a mesma persistência, a Boeing seguia trabalhando no projeto do sistema de baterias de íon-lítio que seria instalado no Dreamliner. Na véspera do Halloween, foi anunciada outra rodada de recall para quase 100 mil baterias. Uma semana depois, em 7 de novembro de 2006, a notícia afetou a Boeing.

Um protótipo de 22 quilos, tão caro e potente que foi chamado de "a Ferrari das baterias", havia sido entregue à sede da Securaplane Technologies, no Arizona, pela fabricante japonesa GS Yuasa. Não era o produto final, mas era o que a Securaplane usaria para testar o carregador, sua contribuição para o sistema de geração de energia do Dreamliner.

Michael Leon, técnico da Securaplane, foi um dos funcionários designados para trabalhar no teste, mas a bateria o deixava nervoso. Pouco antes, acontecera um pequeno curto-circuito entre os terminais. Os funcionários logo cortaram a corrente, mas não rápido o bastante para evitar um segundo curto-circuito. Leon não queria usar a bateria outra vez, mas os executivos da GS Yuasa estavam despreocupados. Ao analisarem os dados enviados pela Securaplane após os primeiros curtos-circuitos, os japoneses disseram que, se manuseada de forma adequada, a bateria poderia continuar sendo usada.

E então, em 7 de novembro, a bateria entrou em combustão e explodiu. Leon disse ao *Arizona Daily Star* que as labaredas chegavam a três metros de altura. "É impossível de descrever a magnitude daquela energia", disse ele. Ninguém se feriu, mas o edifício administrativo da empresa foi destruído. Para todos os envolvidos, foi uma lição de milhões de dólares sobre perigos desconhecidos. A Boeing reavaliou a escolha da bateria de íon-lítio e considerou trocá-la por manganês-lítio, mas não trocou.

Todo mundo voltou ao trabalho: a GS Yuasa, na bateria, a Securaplane, no carregador, e a empresa francesa Thales, que a Boeing contratara para acompanhar o processo todo.

A princípio, todo mundo que trabalhava no projeto receava que, durante o carregamento, tivesse ocorrido um excesso de energia transferida para uma célula, o que a teria feito esquentar e pegar fogo. Então, eles acrescentaram uma contactora, que desligaria a bateria da fonte de energia. Isso inutilizaria a bateria, incapacitando-a para o resto do voo, mas foi encarado como um problema menor.

Em abril de 2007, a FAA publicou no *Diário Oficial* federal americano uma norma especial de duas páginas que concederia à Boeing a aprovação para usar baterias de íon-lítio em seu avião novo, desde que fossem cumpridas certas condições. O órgão tratou a natureza impertinente da bateria com a palavra proibida da aviação — *fogo* — e outros palavrões, como *flamabilidade*, *explosão* e *gases tóxicos*. A Boeing precisaria garantir que as células não se aqueceriam de forma descontrolada, nem causariam problemas em células adjacentes, pegariam fogo, explodiriam ou emitiriam gases tóxicos. A fabricante ainda estava muito longe de poder oferecer essa garantia, e, na realidade, nunca pôde. E então, em julho de 2009, surgiu um novo obstáculo.

Engenheiros do laboratório Hamilton Sundstrand, em Rockford, Illinois, estavam conectando os circuitos do 787 para ver como funcionariam em conjunto como um sistema. A resposta foi "nada bem". Uma das células se aqueceu de forma descontrolada, despejando eletrólitos e arruinando a bateria inteira. A Boeing passou por uma segunda rodada de incerteza. Alternativas de manganês-lítio e níquel-cádmio voltaram brevemente à lista de opções. No entanto, baterias de níquel-cádmio forneciam apenas um pouco mais de um décimo da potência das de íon-lítio para inicialização, e a empresa ainda não gostava das de manganês, então, novamente, a Boeing manteve a decisão original.

"Se eles compreendessem o risco, jamais teriam feito isso", disse Lewis Larsen, um empreendedor de Chicago e físico teórico cujo trabalho exige conhecimentos desse tipo de química. Em 2010, ele enviou uma apresentação à Boeing e a todas as empresas de automóveis que tinham planos semelhantes de usar baterias de íon-lítio com óxido de cobalto. Em sua empresa, Lattice Energy LLC, Larsen vinha estudando as baterias de íon-lítio devido à mesma característica que faz com que elas sejam inerentemente inseguras: os dendritos microscópicos que surgem naturalmente no interior das células com o tempo, criando caminhos para curtos-circuitos internos conhecidos como falhas de campo. Essas minibolas de fogo súbitas geram temperaturas que vão de 2700°C a 5500°C. São chamadas de LENR, sigla em inglês para "reações nucleares de baixa energia". Larsen estuda as LENR porque acredita em seu potencial como fonte de energia sustentável.

No entanto, como característica de uma bateria que será usada em aviões, a ideia de bolas de fogo súbitas deveria acionar os alarmes. Em um texto para a *Encyclopedia of Sustainability Science and Technology* em 2012, Brian Barnett disse que falhas de campo podem provocar "chamas violentas e temperaturas extremamente altas", além de combustão explosiva. "A maioria dos testes de segurança realizados em laboratório ou na fábrica não reproduz as condições em que incidentes de segurança acontecem de fato."

A mensagem que Larsen enviou para a Boeing continha essa questão. Ele me contou que "achamos que era uma questão moral fazer algumas declarações públicas sobre o conhecimento técnico que a Lattice tinha na época, então foi o que fizemos". Larsen ficou sabendo por um contato na empresa que dez especialistas em baterias haviam garantido à Boeing que Larsen "estava falando merda".

Fratricídio térmico

No outono de 2011, o primeiro Dreamliner foi entregue à All Nippon Airlines, incluindo as duas baterias que haviam sido objeto de tantos ajustes. Na primavera seguinte, a companhia aérea anunciou que não só ela estava satisfeita com o avião, mas seus clientes também. Segundo a ANA, nove entre dez passageiros disseram que o 787 atendia ou superava suas expectativas. Quem presta muita atenção ao modelo de avião em que está voando? Os japoneses. Entre os viajantes japoneses consultados, 88% já conheciam o Dreamliner quando embarcaram para o voo.

Koichi Hirata, de 57 anos, estava viajando para a feira de eletrônicos Inter-Nepcon, em Tóquio, em 16 de janeiro de 2013 e, como outros clientes satisfeitos da ANA, estava ansioso para voar no 787. Ele tinha um assento de janela no lado direito da classe executiva e estava ouvindo Rakugo, um tipo tradicional de narrativa cômica japonesa, no sistema de entretenimento durante o voo. Ele percebeu imediatamente quando o avião se virou e começou a descer.

"Os passageiros não entraram em pânico, e os comissários de bordo pareciam trabalhar com muita eficiência durante os preparativos para um pouso de emergência", disse ele mais tarde. Quando o avião pousou em Takamatsu e parou em um espaço livre da pista de táxi, Hirata viu fumaça entrando no motor do lado direito, atrás de onde ele estava sentado. Ele não teve muito tempo para pensar naquilo, porque os comissários disseram para os passageiros deixarem seus pertences, saírem pelos escorregadores de emergência e se afastarem do avião. Hirata disse que, entre a fumaça e a corrida em direção às saídas, ele se perguntou se o incidente era "algo muito mais sério". Para ele e os demais passageiros, a resposta era não. Contudo, para a Boeing, a ANA e as quase cinquenta companhias aéreas que haviam investido naquele avião, a resposta definitivamente era sim.

O incêndio na bateria da JAL em Boston nove dias antes tinha sido preocupante, mas, até esse episódio com a ANA no Japão, as autoridades de aviação haviam sugerido que o colapso da bateria tinha sido um caso isolado. Michael Huerta, o administrador da FAA na época, chegara até a convocar uma coletiva de imprensa com Ray Conner, CEO da Boeing, para tranquilizar todo mundo e dizer que "nada do que vimos nos leva a crer que o avião não é seguro". Isso foi em 11 de janeiro, cinco dias antes do pouso de emergência em Takamatsu. O segundo incidente resultou na decisão de reter em solo a frota inteira.

Em pouco mais de uma semana, o avião mais novo do mundo passou por dois incidentes que o então presidente do conselho de segurança caracterizou como inéditos e graves. "Não esperamos ver incêndios em aeronaves", disse Deborah Hersman, que na época integrava o conselho do NTSB, para os repórteres.

Para Hersman, já estava claro que as células de íon-lítio da bateria do Dreamliner — as células que a Boeing deveria mimar como se fosse uma criança temperamental, as células que, segundo alerta da FAA, tinham características que "poderiam afetar sua segurança e confiabilidade" — haviam feito exatamente o que não deviam fazer em hipótese alguma: esquentar de forma descontrolada. Em Boston, que foi o incidente que o NTSB investigaria, isso havia causado uma reação em cadeia a temperaturas altíssimas que destruiu todo o conjunto de oito células.

"No que diz respeito ao projeto do avião, esses incidentes não deviam acontecer", disse Hersman aos repórteres. "Existem vários sistemas para evitar um incidente desse tipo com as baterias. Esses sistemas não funcionaram como planejado. Precisamos entender por quê."

Isso não era tão fácil quanto parecia. Todo acidente aéreo pode ser diferente, mas existem temas de investigação em comum: mecânica, operacional, organizacional. O mistério do Boeing 787 não tinha a ver com a física do voo ou o trato humano com o avião. Era um enigma sobre eletroquímica complexa. Quando os investigadores de Hersman nos Estados Unidos e seus pares no Japão começaram a estudar o tema, logo descobriram que muitos dos especialistas já haviam sido contratados pela Boeing. Embora tivesse evitado opiniões externas durante a fase de desenvolvimento, a empresa agora estava formando comitês consultivos e conselhos de análise e coletando baterias de reserva para fazer seus próprios testes.

Dana Schulze, vice-diretora de segurança em aviação no NTSB, disse que foi frustrante o processo de estudo antes da investigação. Ainda assim, ela demonstrou um grau extraordinário de compreensão à perspectiva da Boeing.

"Nosso trabalho é a segurança, mas é difícil negar que a prioridade era colocar esse avião de volta no ar", contou-me ela. "Ao mesmo tempo, tínhamos que realizar uma investigação e queríamos ter certeza de que as questões de segurança foram contempladas."

Judy Jeevarajan foi uma das especialistas que receberam uma ligação da Boeing. Entre 2011 e 2015, ela liderou um grupo para segurança e tecnologia avançada de baterias na Nasa. Parte de seu trabalho era estudar e publicar artigos sobre o uso seguro de baterias de íon-lítio em ambientes tripulados no espaço. Como essas baterias são muito maiores e mais potentes do que as usadas em aparelhos de uso pessoal, elas têm potencial para produzir catástrofes quando dão defeito. O trabalho de Jeevarajan era administrar esses riscos na Estação Espacial Internacional avaliando a bateria de forma crítica em três níveis: cada célula individual, as células como um conjunto (a bateria) e o sistema elétrico em que elas estavam integradas.

Quando o Dreamliner foi impedido de voar, Jeevarajan foi contratada pela Boeing para dar uma opinião sincera sobre o projeto e o funcionamento da bateria. No dia em que os especialistas se reuniram em Seattle, a bateria danificada do avião da JAL em Boston foi trazida para dentro da sala em um carrinho. Todo mundo se aglomerou em volta para dar uma olhada. Jeevarajan ficou surpresa com o que viu. As células não tinham nenhum suporte resistente o bastante para mantê-las bem afixadas, protegidas contra vibrações e afastadas umas das outras. Essa observação foi feita por Kazunori Ozawa, um engenheiro que participara do desenvolvimento de baterias de íon-lítio na Sony muitos anos antes, mas que não fazia parte do conselho de análise. Ele tinha visto fotos da bateria danificada.

"Com uma olhada dentro da caixa após o acidente, é fácil perceber que as células não estavam bem presas", disse-me Ozawa. Ele receava que as células vibrassem em um ambiente como um avião, fazendo os rolos gelatinosos se mexerem dentro do invólucro e talvez até ocasionando pequenos curtos--circuitos se os terminais se encostassem.

Além disso, Jeevarajan reparou que era possível ocorrer pontos de calor dentro de cada célula e no rolo de chapa metálica e substâncias químicas se fosse "usado de forma diferente do especificado pelo fabricante". Um calor considerável poderia derreter a película que separava o catodo do anodo, o que seria um problemão porque poderia causar um curto-circuito e um caos térmico instantâneo.

O professor Dahn também achava que isso era um problema. Referindo--se aos testes conduzidos pelo NTSB durante a investigação, ele observou que, "quando as células eram descarregadas na taxa de descarga máxima, os terminais ficavam quentes". "Elas chegavam a 180°C acima do ponto de fusão do separador. Isso é ruim." Na opinião dele, parte do problema era o tamanho das células. Com cinco centímetros, as células eram grossas demais. Uma falha podia se propagar e, em suas palavras, "provocar as vizinhas".

A GS Yuasa baseou o projeto da bateria do Dreamliner em uma que ela produzia para veículos qualquer-terreno. Quando me reuni com Dana Schulze na sede do NTSB, em Washington, perguntei se tinha sido um exagero sugerir que uma bateria de veículos qualquer-terreno e uma bateria de avião eram iguais. Ela disse que a experiência podia ser aplicável, desde que fossem consideradas as diferenças entre as duas, algo que Schulze, engenheira mecânica, chamou de análise de similaridade. Na análise do projeto da bateria pelo NTSB, "não encontramos indícios de que eles haviam feito muito bem esse trabalho".

Pode parecer ostentação quando a francesa Airbus, concorrente da Boeing com seu Airbus A350, de mesmo tamanho e alcance, destaca as diversas diferenças entre a bateria do 787 e a bateria de íon-lítio que agora fornece energia para o A350. Mas, na verdade, fui eu que liguei para a Airbus, não o contrário.

Segundo Marc Cambet, arquiteto de componentes de sistema do A350, a Airbus considerou a possibilidade de curto-circuito interno em uma célula. O projeto incluía precauções para evitar que a falha de uma célula passasse para outra. "Do nosso lado, as células são isoladas entre si, em termos de isolamento térmico e em termos de vibração e em termos de separação entre as células", disse Cambet.

A análise de Jeevarajan sobre a bateria da Boeing tratava de muitas questões, incluindo propagação, isolamento e vibração. Mas ela tinha um problema crucial, que era a filosofia de segurança da Boeing no que dizia respeito a baterias. A empresa se preocupava excessivamente com o risco de sobrecarga e ignorava o potencial de curtos-circuitos internos e externos, bem como a reação a essas situações. Isso podia levar a problemas como derretimento do separador, acúmulo de dendritos, falhas de campo, pressão interna e deformações no invólucro da célula.

Segundo Jeevarajan, não é que a Boeing tenha deixado de considerar esses riscos. A empresa os considerara, mas não dera muita importância aos perigos. Em testes para identificar curtos externos, "todas as células" chiaram e soltaram fumaça. Quando ela perguntou à empresa "por que não levaram isso em consideração?", a resposta foi: "Não teve fogo. Achamos que não era nada de mais".

"Fiquei chocada ao saber que eles viram todas as células chiando e soltando fumaça", o que era expressamente proibido pelas condições da FAA, recorda ela, "e simplesmente ignoraram."

"Eles tinham boas proteções contra sobrecarga, mas nenhuma contra curtos-circuitos", concluiu Jeevarajan, e sobrecarga não era uma questão para nenhum dos aviões japoneses. Nas páginas de anotações entregues à Boeing, Jeevarajan relacionou o que considerava os vários defeitos do projeto, incluindo um que os investigadores japoneses, muito tempo depois, declararam o culpado pelo que aconteceu com o Dreamliner da ANA.

"Se você quiser carregar em temperaturas baixas, precisa reduzir a corrente da carga", explicou ela, caso contrário corre o risco de gerar calor demais. Os íons se deslocam com mais dificuldade no frio, então o carregamento gera mais calor na bateria.

Cambet explicou que, no A350, a temperatura da bateria é levada em conta. "A velocidade da carga é reduzida quando a temperatura está baixa demais", disse ele, porque, "se você tentar carregar no máximo em temperaturas baixas, pode agravar o risco de curto-circuito interno."

Não era possível modular a taxa no sistema de baterias do Dreamliner, e o fato de os incidentes da ANA e da JAL terem acontecido em janeiro era uma peça interessante do quebra-cabeça. Mais ou menos na mesma época, um dos investigadores do governo (que pediu para permanecer anônimo) resumiu a situação: "A causa não foi identificada, mas encontraram tantas causas em potencial que foi uma grande surpresa".

Em Tóquio, assim como em Washington, D.C., as autoridades de segurança aérea estavam tentando solucionar um mistério ao mesmo tempo que faziam um curso intensivo de eletroquímica. A Agência Japonesa de Exploração Aeroespacial, a Jaxa, estava prestando consultoria, bem como a Nasa e o Comando Naval de Sistemas Marítimos da Marinha americana, que, assim como os programas espaciais, está intrigado pelo potencial dessas baterias, mas vê com cautela os riscos.

"Era bastante difícil arrumar tempo para aprender a tecnologia nova", disse Masaki Kametani, de 53 anos, um dos sete investigadores encarregados do caso no Japão. O pequeno departamento deles era alvo de atenção do mundo inteiro. Enquanto em Boston a bateria havia pegado fogo no solo em um avião quase vazio, o voo da ANA estava no ar, com passageiros. Todo mundo pensava "e se?".

Os laudos oficiais dos investigadores tinham centenas de páginas. O do Japão levou vinte meses para ser concluído, e a versão americana, quase dois anos. Embora houvesse muitas falhas no projeto da bateria, nenhum dos órgãos foi capaz de determinar especificamente o que havia iniciado os incidentes investigados. O Conselho Japonês de Segurança nos Transportes (CJST) se concentrou no fenômeno de carga em clima frio. O NTSB achou que um defeito de fabricação no invólucro da célula talvez tivesse criado um ponto de calor, que levou a um curto-circuito. Nos dois casos, a bateria inteira sucumbiu ao "fratricídio térmico", como descrevem, de maneira bem viva, a indústria e o físico Lewis Larsen.

Em seu laudo, o NTSB não se limitou ao que aconteceu com o avião em Boston e fez uma análise do esforço da Boeing para convencer a FAA de que a bateria atenderia à condição especial. Foram dezenas de testes com uma coleção estarrecedora de títulos e conclusões. Porém, mais tarde, quando entrevistei Schulze, ela me explicou em termos bem simples. O relevante não era a quantidade de testes, mas as suposições da Boeing quanto ao que de fato precisava ser testado e o grau de fidelidade com que essas verificações refletiam o funcionamento da bateria em um avião de verdade. "O teste propriamente dito não fornecia informações suficientes para supor que um curto-circuito interno não resultaria em propagação para outras células", disse Schulze.

O paralelo com o Comet era inconfundível. Os engenheiros da de Havilland tentaram se reconfortar com demonstrações de que a cabine era capaz de resistir a uma pressão duas vezes maior da que o avião sofreria. No entanto, durante os testes, a estrutura tivera uma sustentação suplementar. Portanto, não eram fiéis ao representar o voo do avião.

Quando os investigadores publicaram suas conclusões, já fazia dois anos que os Dreamliners estavam no ar de novo, liberados para voo após diversas alterações que abordaram os perigos recém-revelados da bateria, ainda que não sua pertinência. A Boeing também acatou as sugestões de especialistas como Jeevarajan e aumentou a camada de isolamento entre as células, firmando-as com estruturas mais sólidas e aplicando isolamento elétrico com fita adesiva Kapton. Eram medidas de precaução. Elas não mudavam a natureza volátil da bateria, então a Boeing optou por enjaular a fera.

Cada bateria foi colocada dentro de um estojo de aço inoxidável com um cano de titânio para ventilação. A caixa conteria e abafaria chamas e protegeria a bateria do calor. O cano expeliria para fora do avião a fumaça ou os vapores gerados por qualquer falha. O sistema era uma segurança contra mais elementos desconhecidos, fossem ou não conhecidos.

A Boeing preferiu não conversar comigo para este livro e rejeitou diversos pedidos que fiz pessoalmente ou por e-mail. Não gostei, mas era certamente compreensível. A empresa talvez esteja preocupada com a possibilidade de que o avião em cujo desenvolvimento dedicou uma década fique para sempre associado a um defeito de projeto específico. Se eu tivesse entrevistado alguém da Boeing, com certeza essa pessoa teria destacado que o 787 está realizando a missão para o qual foi criado. As linhas aéreas o adoram, e os passageiros também. Até 2015, mil unidades haviam sido vendidas.

O que a Boeing provavelmente acredita, em seu íntimo corporativo, é algo parecido com a opinião de Wilbur Wright sobre "se empoleirar em uma máquina e se familiarizar com suas peculiaridades". O progresso acarreta riscos. Inovações sempre terão consequências inesperadas. O desafio para os fabricantes de avião do passado e do presente nunca foi criar coragem para apostar, mas equilibrar audácia e prudência antes de o avião passar da fase de projeto para a de produto.

O preço de um erro pode ser alto demais, como a Rolls-Royce e a Lockheed descobriram no começo dos anos 1970, durante o desenvolvimento do jumbo L-1011.

Se você perguntar sobre o Lockheed L-1011 para qualquer piloto de linha aérea com alguma experiência nesse modelo, prepare-se para um longo monólogo. "Melhor poltrona no céu", disse-me um comandante. Os passageiros apreciavam a quantidade inédita de espaço e o silêncio que levou a cliente

Eastern Airlines a chamar o avião de "Aerossussurro". Sim, todo mundo adorava o Tristar trimotor, mas, ao contrário dos concorrentes Boeing 747 e McDonnell Douglas DC-10, o L-1011 não voa mais. Foram construídas apenas 250 unidades, e o analista de aviação Richard Aboulafia, redator da *Teal Monthly*, uma importante newsletter da indústria, destaca um projeto de motor que levou a um problema terrível e contribuiu para o fracasso posterior do L-1011.

Hoje em dia, sempre ouvimos falar do uso de materiais compósitos em aviação, que substituem metais mais pesados na estrutura e em componentes de aviões como o Dreamliner, o Airbus A350 e o A380. Porém, na década de 1960, quando a Rolls-Royce estava desenvolvendo um motor mais potente e leve para aeronaves de grande porte, o plano de usar camadas entretecidas de fibra de vidro enrijecida e comprimida no lugar do metal nas pás do motor era novidade. Um compósito chamado Hyfil nas pás reduziria o peso em 130 quilos e aumentaria em 2% a eficiência de consumo do motor, mas o resultado foi diferente do esperado.

Em uma matéria da revista *Royal Aeronautical Society* de 2012, sob o título "Blades of Glory" [Pás Gloriosas], o autor Tim Robinson disse que foi "a pá que quase quebrou a empresa". Enquanto o motor ainda estava sendo desenvolvido, a Rolls-Royce e a Lockheed descobriram que o compósito Hyfil tinha tendência a descamar. As camadas se separavam, do mesmo jeito que acontece com uma placa de compensado deixada na chuva. As pás também não resistiam ao ataque de frangos congelados. Isso não é tão bizarro quanto parece; para garantir que um motor não se destrua ao acertar aves, os fabricantes lançam frangos congelados duros feito gelo no centro de uma turbina ligada. Nesse caso, a batalha foi vencida pela comida.

Enquanto a Boeing e a McDonnell Douglas produziam seus aviões de grande porte e os entregavam às companhias aéreas para que começassem a voar a lugares distantes, o L-1011 da Lockheed continuou no chão, esperando a Rolls-Royce reequipar o motor com pás de titânio. Incapaz de pagar as contas, a Rolls entrou em recuperação judicial. Com a Lockheed, a história só foi um pouco melhor; precisou fazer empréstimos com o governo para continuar de portas abertas. A Rolls-Royce levou anos para finalmente entregar o motor que a Lockheed encomendara para o L-1011.

Aboulafia diz que a aposta ruim no Hyfil foi muito pior para as empresas envolvidas do que o que a Boeing enfrentou com as baterias de íon-lítio, embora os motores supostamente fossem mais fáceis de resolver. "Você precisa fazer uma distinção entre dois tipos de projeto. No Dreamliner, a questão é fundamental, e no L-1011 o problema era um acessório; um acessório caro, sim, mas era um sistema discreto", disse ele. "Se trocar os motores, problema resolvido; não era um defeito de projeto fundamental."

O problema para a Lockheed era estar presa aos motores da Rolls-Royce; não poderia trocá-los por motores de outro fabricante. A Lockheed era obrigada a esperar o atraso. Quando a pá de compósito foi substituída por titânio, o RB221 se tornou um dos motores mais vendidos da Rolls-Royce. Versões atualizadas ainda são usadas no Boeing 747 e no Boeing 767.

A saga da bateria do Dreamliner não tem um fim claro, e nem sequer um fim digno. Para Aboulafia, a caixa de contenção de aço inoxidável é "deselegante", o contrário de uma invenção à moda Rube Goldberg, em que uma situação simples é atendida por uma concepção cômica e exageradamente complicada. "É uma solução simples para um problema complexo", disse ele. E é um problema que se recusa a desaparecer.

Em 14 de janeiro de 2014, quase exatamente um ano após o pouso de emergência do Dreamliner da ANA no aeroporto Takamatsu, mecânicos na cabine de comando de um Dreamliner da Japan Airlines viram fumaça branca saindo do avião, que se preparava para sair de Narita rumo a Bangcoc. Ao verificarem a bateria, descobriram que uma das oito células havia vazado, despejando fluido dentro da caixa. O problema não se espalhou para as outras células.

Dez meses mais tarde, um 787 da Qatar Airways precisou fazer um pouso de emergência quando uma célula da bateria do avião vazou. A Boeing notificou o NTSB e a FAA, mas os órgãos não realizaram nenhuma investigação.

"O desempenho do avião nessa falha foi condizente com a certificação", contou-me Laura Brown, porta-voz da FAA. Quando perguntei como a autoridade de segurança aérea sabia do desempenho da aeronave sem ter feito uma investigação, Brown respondeu que a Boeing tinha dado uma olhada e repassado suas conclusões.

A FAA não só não está investigando o vazamento das células, mas também não há registros da frequência com que isso acontece. Como a caixa contém fumaça, vapores e, supostamente, fogo, a posição do órgão regulatório americano é que defeitos de bateria não são mais problema deles. "Não consideramos algo um 'incidente' se a caixa de contenção funciona de acordo com o que foi projetada para fazer", disse ela.

Vários cientistas de baterias, incluindo alguns que não querem ter seu nome associado à sua opinião porque trabalham para a Boeing, dizem que é loucura ignorar a gravidade das falhas recorrentes em células.

John Goodenough, físico e professor da Universidade do Texas e considerado o inventor da bateria de íon-lítio, destaca que, quando o eletrólito vaza, o fogo já começou dentro da célula. "Se está quente o bastante para começar a ferver e precisar vazar, o eletrólito já pegou fogo."

Desde que aprovou o uso de íon-lítio pela Boeing como forma de armazenamento de energia no 787, a FAA passou de considerar inaceitável qualquer situação de fogo a dizer que a contenção de fogo não era nada de mais.

"Por que brincar com fogo quando você não precisa brincar com fogo?", perguntou Jeff Dahn, da Universidade Dalhousie. A ocorrência de vazamentos em quatro ou cinco baterias durante os primeiros três anos de operação do avião significa que as células produzidas pela GS Yuasa estavam dando problema a uma "taxa astronômica", disse Dahn.

O raciocínio dele é o seguinte: cada avião tem dezesseis células, e no fim de 2014 eram menos de trezentos Dreamliners em operação. Se os incidentes com células descritos aqui são os únicos existentes, e não temos como saber, porque parece que ninguém além da Boeing está contando, e a Boeing não quer falar, então a taxa de falha nas células é de um em algumas centenas. Para efeitos de comparação, Dahn observou que, "em células usadas em laptops e telefones, a taxa de falha é de um em mais de 20 milhões. É uma irresponsabilidade continuar com um produto assim".

A FAA não é a única convencida de que a Boeing resolveu o problema da bateria. No Japão, Mamoru Takahashi, porta-voz do CJST, disse a Takeo Aizawa, meu pesquisador, que o conselho de segurança não estava surpreso nem preocupado com os casos subsequentes de vazamento nas células. Era algo semelhante ao que Koji Tsuji, membro do conselho, havia me falado. "Não podemos criar a situação em que não acontece nenhum curto-circuito, mas chegamos ao ponto em que podemos controlar o aquecimento, mesmo em caso de vazamento", disse ele. "Podemos considerar isso um problema menor."

"A Boeing fez todas as melhorias imagináveis em seus 787s para garantir a retomada dos voos normais", incluindo mais de oitenta modificações que "são desejáveis, mas talvez desnecessárias", segundo Tsuji. Era algo perturbadoramente semelhante ao que se dizia do Comet antes de o avião voltar à ativa enquanto a origem do problema continuava um mistério.

Parte quatro

Humanidade

A sequência de um acidente é como alguém descendo por uma corda cheia de nós. A decisão do piloto pode ser o último nó da corda, mas existem muitos outros acontecimentos que estabelecem a sequência do acidente. Erro do piloto tem sido cada vez mais encarado como simplista demais.

MAURICE WILLIAMSON, MINISTRO DOS TRANSPORTES
DA NOVA ZELÂNDIA, 1999

O necessário

Às vezes, no verão, ando de caiaque com meu amigo Pete Frey, um piloto de linha aérea americana que você já conheceu neste livro. Para um homem de quase sessenta anos, Pete está em ótima forma. Ainda assim, para homens de certa idade é difícil ficar bem de bermudão e cabelos ao vento. A verdade é que Pete nem tenta parecer estiloso.

Porém, quando está com seu uniforme de piloto, Pete é um pedaço de mau caminho. Não é só por causa da farda azul-marinho com galão dourado; é por sua autoconfiança, pela postura completamente despreocupada que sugere um "você está segura nos meus braços, querida". O comandante Pete é pura autoridade e competência.

No mundo inteiro, dezenas de milhares de pilotos de linha aérea passam por uma transformação semelhante. Aquela loura cansada na fila da Starbucks, o cara que está abastecendo a picape no posto de gasolina — quando esses pais de classe média e pescadores de fim de semana vestem o uniforme, as companhias aéreas confiam a eles a reputação da empresa e aviões que valem milhões de dólares. É por isso que a formação de pilotos de linha aérea é algo sério. As companhias conduzem avaliações antes de contratá-los, fazem testes depois que eles entram, e os treinam constantemente durante toda a carreira deles. Elas desejam qualidades aparentemente contraditórias em seus pilotos: ser decidido, mas ter mente aberta; atenção, mas flexibilidade; experiência, mas em constante aprendizado; respeito a procedimentos padrão, mas capaz de improvisar quando necessário.

A criação de uma "pessoa com jeito de piloto" é tão importante que 95% dos cadetes contratados pela Lufthansa nunca voaram antes de chegar ao Centro de Treinamento Aéreo (ATCA, na sigla em inglês) da companhia no Arizona, a 9200 quilômetros da sede em Frankfurt, na Alemanha. O raciocínio na empresa é que, se eles conseguirem encontrar pessoas com a personalidade certa, podem "cultivar seus próprios pilotos", conforme explicou Matthias Kippenberg, presidente e CEO do centro de treinamento. Testemunhei esse processo de perto no outono de 2010, quando participei da turma NFF380 por uma semana.

Era como se a Lufthansa estivesse procurando astronautas; esse é o nível de dificuldade do processo seletivo. E por um bom motivo: na época, custava 35 milhões de dólares por ano para manter a escola que transforma cadetes em pilotos de linha aérea. "Os alunos são selecionados pela companhia, são treinados e mantidos pela companhia", disse Kippenberg. "Eles têm emprego garantido", disse ele. "E agora só precisam aprender a voar."

Kippenberg se formou no ATCA em 1977 e está à frente do programa desde 2002. Ele talvez só tenha percebido o esforço que seus alunos fazem para serem admitidos quando sua própria filha, Lisanne, se candidatou aos dezenove anos para fazer um curso de introdução à aviação oferecido pelo governo suíço. Ela pôde se inscrever porque sua mãe é suíça, mas, como todo mundo, teria que fazer uma série de provas de aptidão. Para se preparar, ela e o pai entraram na internet em busca de orientação — e acabaram desorientados logo pelo primeiro teste de exercícios. Na tela, eles viram seis cubos tridimensionais. Havia um X em uma das seis faces de cada cubo. Lisanne precisava ouvir uma voz que lhe dizia para imaginar o cubo girando para cima ou para baixo, para a direita ou a esquerda, para a frente ou para trás. Lisanne teria que acompanhar os movimentos para saber onde estaria o X.

"Meu pai e eu ficamos olhando para aquilo, e depois olhamos um para o outro; não sabíamos o que estava acontecendo." O "teste dos nove relógios" era igualmente estranho. Vou poupar você dos detalhes.

Os alunos em meu alojamento no ATCA me disseram que haviam feito testes parecidos e outros em que tiveram que ouvir sequências longas de números e repeti-las em ordem inversa. Para mim, parecia uma tortura, e eu tive a chance de experimentar pessoalmente quando a CTC Wings da Nova Zelândia me fez passar pela minha própria avaliação de aptidão para pilotos.

A diferença disso para o tipo de seleção feita por companhias aéreas era que as pessoas que se inscrevem na CTC pagam do próprio bolso, sem garantia de que vão conseguir emprego como pilotos. O teste de aptidão é necessariamente menos rígido e intenso. Ainda assim, ao tentar manter na simulação as asas do meu avião retas e niveladas enquanto eu voava por uma série de retângulos amarelos que apareciam na tela do meu computador, eu estava tensa e suava. Isso antes mesmo de começar a prova de processamento mental.

Minha nota geral sugere que eu, como piloto, seria uma ótima escritora. Eu era razoavelmente capaz de processar informações e até adquirir dados em situações de tempo limitado, a julgar pela rapidez com que consegui identificar uma imagem de cacos de vidro. (Não queira saber.) Na hora de manusear um controle para seguir uma trajetória de voo e de lidar com perguntas de matemática que exigiam contagem regressiva, eu me ferrei.

Viktor Oubaid, diretor do Centro Aeroespacial Alemão em Hamburgo, me falou que esses desafios todos são formulados para testar a memória de trabalho. É possível treinar e se aprimorar, como Lisanne e os alunos da Lufthansa fizeram, "mas o desempenho máximo possível depende de suas habilidades originais", disse Oubaid. "Em outras palavras: muitas pessoas podem aprender a voar, mas só algumas são capazes de trabalhar como pilotos de linha aérea."

Após alguns meses de treinamento para as provas, Lisanne foi a Dübendorf, perto de Zurique, para a prova de admissão. O ambiente estava tranquilo, e ela tinha um bom pressentimento. "Fui muito melhor do que achei que iria", disse-me ela. De fato, Lisanne foi aprovada. Após duas semanas de aulas de voo, ela disse que estava ainda mais empolgada com a carreira de piloto e que compreendia melhor o que os testes tentavam determinar a respeito de suas habilidades cognitivas.

O pai de Lisanne conhece muito bem esse aspecto da experiência dela. Pode chamar de multitarefas ou gestão de fluxo de trabalho — testes de aptidão para pilotos são formulados para detectar esses e outros aspectos porque os ombros dos homens e mulheres na cabine de comando precisam sustentar muito mais do que dragonas. Isso ficou muito evidente cinco anos mais tarde, quando um dos alunos da escola de Kippenberg passou direto pela malha fina de diligência da companhia aérea.

Andreas Lubitz, de 23 anos, chegou a Phoenix logo depois que fui embora. Ele havia superado cinco dias de testes e passara com confiança por uma entrevista em 2008, quando foi selecionado para começar o *ground school*, a parte teórica de um curso de formação de pilotos, em Bremen, na Alemanha. Porém, o nível de exigência extraordinário da Lufthansa talvez tenha sido demais, porque, após dois meses, ele saiu de licença. De janeiro a outubro do ano seguinte, passou por um tratamento psiquiátrico devido a uma depressão reativa que um médico alemão disse à FAA ter sido desencadeada pelo excesso de demandas.

Em 2010, Lubitz foi considerado apto a continuar o treinamento, e foi o que ele fez: *ground school* em Bremen, depois escola de voo em Phoenix, seguida por um treinamento em avião a jato em Bremen novamente e uma temporada como comissário de bordo. Em 2013, ele se tornou copiloto na linha de baixo custo GermanWings, da Lufthansa.

Na primavera de 2015, Lubitz tomaria o controle de seu próprio avião, em voo de Barcelona para Dusseldorf, e o jogaria contra uma montanha, matando a si mesmo e outras 149 pessoas. O comandante Patrick Sondenheimer, de 34 anos, tinha saído da cabine para ir ao banheiro após nivelar o avião a 38 mil pés (11 600 metros). Com a ausência de Sondenheimer e com a porta da cabine trancada, Lubitz pôs o Airbus A320 em piloto automático para descer até cem pés (trinta metros), uma trajetória que levaria o avião a uma colisão direta com o terreno elevado dos Alpes na França.

Lubitz frustrou os esforços do comandante de voltar para a cabine e não respondeu às chamadas dos controladores pelo rádio. O avião desceu durante onze minutos, até finalmente atingir uma montanha perto de Prads-Haute-Bléone. Pouco depois seria revelado que a depressão de Lubitz havia voltado e que, nas semanas antes da queda, os médicos haviam recomendado que ele não trabalhasse, segundo anotações encontradas na lixeira da casa do jovem.

Pilotos suicidas ou homicidas são um conceito especialmente assustador, embora seja uma ocorrência extremamente rara. Durante a investigação do caso, o órgão francês de investigação de acidentes aéreos citou outros seis casos semelhantes em que pilotos civis derrubaram de propósito aviões com passageiros. Japan Airlines em 1982, Royal Air Maroc em 1994, SilkAir em 1997, EgyptAir e Air Botswana em 1999, e o voo 470 da Mozambique Airlines em 2013. Acreditava-se que todas essas quedas foram iniciadas de propósito por um dos pilotos. Com mais de 717 milhões de voos desde 1980, percebe-se que esse risco de segurança aérea é infinitesimal.

Com atos não intencionais, a história é outra. Nesse caso, erros cometidos pelos pilotos que contribuem para um desastre estão por todos os lados.

Responsabilidade exclusiva

Nenhuma das seis pessoas no jatinho particular que ia de Samoa para Melbourne em 18 de novembro de 2009 jamais se esquecerá da noite em que elas pousaram nas águas agitadas do Pacífico perto da pequena ilha Norfolk. O comandante Dominic James e a copiloto Zoe Cupit estavam no controle do voo de evacuação médica, levando a paciente Bernie Currall, o marido dela, Gary, e uma equipe médica. Durante a aproximação do jato Westwind, da Israel Aircraft Industries, à ilha onde o avião seria reabastecido para o último trecho da viagem até Melbourne, as condições climáticas estavam tão ruins que nem James nem Cupit conseguiram ver a pista. Depois de quatro arremetidas, James decidiu pousar o avião no mar antes de ficar sem combustível.

O avião se partiu em dois com o impacto no mar revolto. Só três pessoas das seis a bordo tinham coletes salva-vidas, mas todas saíram do avião. Durante noventa minutos, James fez as vezes de pastor, nadando em círculos em volta do grupo para mantê-los juntos. Uma equipe de busca em um pesqueiro fretado finalmente viu a luz da pequena lanterna que James agitava em direção ao litoral, e o grupo foi resgatado.

"Ainda fico arrepiado só de pensar", disse Glenn Robinson, morador da ilha e um dos tripulantes do barco que resgatou os sobreviventes. "Estão todos vivos. Você sabe que eles abandonaram aquele avião em um oceano turbulento no meio da noite, e aqui estão eles."

Inteligente, articulado, obstinado e praticamente um sósia do ator Tom Cruise, James foi recebido como herói e celebridade ao chegar à Austrália. "Padrão ouro" foi o termo com que ele e Cupit foram descritos por John Sharp, presidente da Pel-Air, a empresa cujo avião os pilotos operaram naquela noite. No entanto, quando chegou a véspera do Natal, eles já haviam caído em desgraça. A Australian Civil Aviation Safety Authority (CASA, sigla em inglês para Autoridade Australiana em Segurança de Aviação Civil) suspendeu a licença dos dois, alegando que eles haviam demonstrado mau desempenho como pilotos. Segundo John McCormick, chefe da CASA, a culpa do acidente foi inteiramente do comandante.

Um homem que pousa um avião a jato em um mar escuro no meio de uma tempestade em uma noite sem lua e, sem colete salva-vidas, mantém seus passageiros juntos durante uma hora e meia como se fosse um cão pastor aquático não é o tipo de homem que aceita ser feito de bode expiatório.

Durante o planejamento do voo a partir de Apia, em Samoa, James disse que foi prejudicado por constantes obstáculos. Sem conseguir sinal de wifi no celular ou no hotel, ele traçou o plano de voo usando o celular no estacionamento do hotel. Ele abasteceu o avião partindo do princípio de que voaria em separação vertical mínima reduzida (RVSM, na sigla em inglês), uma fatia horizontal do céu entre 28 mil e 40 mil pés (entre 8500 e 12200 metros) que exige aviões com altímetros muito bem calibrados e certificações especiais, elementos que esse avião da Pel-Air não tinha. Como o voo em RVSM pode reduzir o consumo de combustível, os pilotos suplicam pelo acesso constantemente com a justificativa de estarem em um voo de transporte aeromédico. James disse que era uma prática da empresa da qual ele havia reclamado um ano antes, mas nada mudou.

Quando o clima piorou durante a viagem, James não tinha combustível suficiente para alcançar um aeroporto alternativo. Não era uma exigência, de acordo com as normas de trabalho que regiam ambulâncias aéreas. Era uma brecha que autoridades nacionais de segurança vinham tentando resolver havia anos, mas a CASA não tomara nenhuma medida.

Anos mais tarde, quando James recuperou a licença e começou a voar para outras operadoras, ele percebeu que havia muitas ferramentas disponíveis que poderiam ter alterado o resultado daquela noite. "Eu tinha acesso a softwares de planejamento de voos aonde quer que eu fosse. Tinha acesso a dados de desempenho, então podia olhar para um destino e calcular pesos, velocidades e opções", e ele não tinha acesso a nada disso quando voava para a Pel-Air.

Essas e outras limitações foram registradas em uma auditoria especial da companhia aérea conduzida pela CASA logo depois do pouso na água. Foram encontradas 31 deficiências de segurança. A CASA identificou um conflito entre "os objetivos comerciais da empresa e os resultados de segurança". Isso, em burocratês, quer dizer que a operadora estava "mais preocupada com os lucros do que com a segurança". Contudo, a posição da autoridade australiana de aviação era de que a operação da companhia não era relevante. O acidente, segundo o laudo, fora "causado por erro de planejamento de combustível, por decisões equivocadas" do comandante.

Dois anos antes da bagunça com a Pel-Air, George Snyder escreveu em uma matéria para a revista *AeroSafety World*, da Flight Safety Foundation, que "a atribuição de culpa de forma artificial e *prematura* restringe o processo de investigação" e pode até interromper por completo a investigação. Foi uma observação um tanto clarividente, porque foi exatamente o que aconteceu com o caso da Pel-Air. Mesmo sabendo que a companhia tinha lapsos de segurança, John McCormick, diretor da CASA, não os informou aos investigadores do acidente porque o pouso na água, segundo ele, "foi totalmente culpa do comandante".

O comandante James admite que cometeu erros, mas acrescenta que não teve acesso a nenhum suporte que o teria ajudado a fazer seu trabalho. "Eu não operava em um vácuo. Era um piloto que fazia parte de uma companhia aérea sob a supervisão de uma agência regulatória", disse ele. "Não se pode separar um do outro e falar que é uma avaliação justa do que aconteceu."

Um programa de documentário da televisão australiana chamado *Four Corners* apresentou a história completa em 2012, na mesma época em que o ATSB divulgou seu laudo de causa provável. O programa inspirou a realização de diversos inquéritos parlamentares sobre a forma como os órgãos de aviação estavam trabalhando. Fiquei intrigada com isso, porque questões de segurança podem ter nuances, e isso nem sempre é desejável na política. Contudo, aquele era um caso em que os políticos pareciam razoáveis, enquanto os profissionais da aviação não queriam saber de mais nada além do piloto.

"É ao mesmo tempo surpreendente e desanimador", disse John Lauber, um psicólogo que estuda a área de fatores humanos, que, em essência, tenta entender por que as pessoas fazem o que fazem. Ele havia integrado o NTSB e passara a maior parte da carreira tentando aprimorar sistemas de suporte para pilotos. "Toda atividade humana acontece em determinado contexto, definido por tecnologia, protocolos e treinamento."

Em uma manhã ensolarada de outubro de 2014, minha irmã Lee e eu estávamos de férias em Darwin, a capital do Território do Norte da Austrália. Tínhamos programado um voo de hidroavião sobre o território aborígene chamado Lagoa Sweets. Na frente do nosso hotel, o ônibus para o aeroporto nos esperava, e do banco do motorista saltou um homem bronzeado e bonito que parecia vagamente familiar.

"Christine Negroni?", perguntou ele com um sorriso, estendendo a mão. "Dom James." A essa altura eu já o havia reconhecido. Fiquei surpresa por vê-lo dirigindo um ônibus turístico. No dia em que me contou sua história durante um almoço em um restaurante em Sydney, seis meses antes, ele saiu às pressas para um trabalho que fazia de vez em quando de transporte como piloto de jatinhos corporativos. Na época, a CASA já havia restaurado sua licença. Ele esperava conseguir um emprego fixo, mas havia sido difamado pela principal autoridade em aviação do país, e isso lhe causara problemas. Em cada entrevista de emprego a que ele ia, a história era sempre a mesma. "Aquelas pessoas todas falavam 'o acidente, o acidente, o acidente'. Elas não sabiam do inquérito no Senado. Só sabiam que eu era um cara qualquer que tinha derrubado um avião", contou-me James. "Não dá para explicar para as pessoas as nuances do acidente."

Lauber me disse que pilotos cometem erros por vários motivos. "Falar que um piloto tomou uma decisão ruim não é um reflexo desse piloto, mas sim da estrutura geral do sistema que ele é encarregado de operar."

O sistema de prevenção

Existe uma história de um comandante de linha aérea que, depois de aterrissar no aeroporto e estacionar o avião no portão, anunciou aos passageiros que desembarcavam: "Bem-vindos ao seu destino, senhoras e senhores. A parte mais segura da sua viagem acabou".

Voar é tão seguro que dá para entender a brincadeira. Desde o primeiro acidente aéreo, em 1908, sempre se dedicou atenção para descobrir qual foi o problema e como consertá-lo. Durante décadas, isso significava modificar o avião ou os motores, e às vezes ambos, como foi o caso com o Comet; ou se adaptar a novas tecnologias, como com o Dreamliner. Dana Schulze atuara como investigadora de segurança aérea por mais de uma década quando começou seu projeto de dois anos de compreender o que aconteceu com o 787. Ela me disse que era raro aparecer um caso em que sua equipe se concentrava exclusivamente na máquina. No entanto, quando a investigação terminou, foram descobertas falhas humanas no controle de qualidade durante a fabricação das células da bateria e nas suposições dos engenheiros durante a certificação da aeronave.

Ainda assim, a expectativa de Schulze demonstra a transição ao longo do tempo para aviões e motores mais confiáveis. Eles simplesmente não dão mais tantos problemas como nos primeiros dias das viagens aéreas. O que não mudou foi a falibilidade humana, constantemente imprevisível, exceto quanto à probabilidade com que cada pessoa cometerá erros. Era preciso fazer algo para melhorar o desempenho das pessoas. Engenheiros mecânicos e especialistas em aerodinâmica tinham seu valor, mas, desde os anos 1970, um novo tipo de especialista estava explorando as ciências "*soft*" da psicologia, ergonomia, comunicação e design. Essas pessoas passaram a atuar em uma área relativamente nova chamada fatores humanos. Elas estudavam formas de ajudar as companhias aéreas a selecionar e a treinar pilotos. Programas usados em larga escala pelas Forças Armadas foram adaptados para companhias de aviação civil. Elas pesquisavam maneiras de aperfeiçoar a cabine de comando e melhorar a comunicação — o que, no jargão dos aviadores, é conhecido como transferência de informação — de modo a evitar mal-entendidos e se prevenir contra erros antes que eles acabassem em lágrimas. Quando acontecia algum desastre, o caso podia ser convertido em uma valiosa oportunidade de aprendizado. As três maiores realizações dos fatores humanos foram inspiradas por erros de pilotos, incluindo uma tão simples quanto profunda: a lista de controle.

Em 1935, três fabricantes de avião estavam disputando para fornecer à Força Aérea do Exército dos Estados Unidos um bombardeiro capaz de transportar uma tonelada de armamentos por uma distância de 3200 quilômetros. A Boeing achava que tinha o projeto ideal: um modelo quadrimotor todo de metal que foi chamado de Boeing 299. Ao ver o imenso avião novo pela primeira vez, um repórter do *Seattle Times* chamado Richard Williams teria exclamado: "Uau, é uma fortaleza voadora!". E o apelido pegou.

A Douglas e a Martin também estavam na corrida com modelos bimotores. O Martin 146 e o Douglas 1B conseguiam transportar a carga, mas não tinham o alcance desejado. Mesmo antes da demonstração de voo, oficiais de aquisição do Exército insistiam em comprar 65 Fortalezas Voadoras. A disputa estava na mão da Boeing.

Em 30 de outubro, o dia do teste de voo no Campo Wright, em Dayton, Ohio, dois pilotos do Exército, dois homens da Boeing e um representante da fabricante de motores Pratt & Whitney embarcaram e decolaram. Havia três pilotos a bordo: Ployer P. Hill e Donald Putt, do Exército, e Leslie Tower, o piloto-chefe de testes da Boeing. Porém, conforme taxiavam pela pista, ninguém percebeu que os profundores e o leme direcional, placas móveis que controlam o movimento do avião para cima e para baixo e para os lados, ainda estavam presos com uma trava de comandos que os fixava para que não balançassem com o vento e fossem danificados com o avião ainda em solo. Mas, quando o avião

180

decolou, os painéis estavam presos em uma configuração de subida acentuada que os pilotos não tinham como corrigir no ar. A aeronave gigante sofreu estol, caiu e pegou fogo. Dois dos homens morreram em decorrência dos ferimentos.

Antes desse voo, o único aspecto negativo do Boeing 299 era o fato de que o avião talvez fosse complexo demais, mas foi um descuido simples que o derrubou, tanto no sentido literal quanto no figurado. A Força Aérea do Exército desistiu do avião, e quem levou a licitação do bombardeiro grande foi a Douglas.

O que podia ser feito para se proteger contra o esquecimento? Os pilotos do Exército se reuniram e criaram uma lista de controle. Em 24 passos, desde "antes de taxiar" até "depois da decolagem", o piloto seria lembrado de cada etapa crucial. A Boeing acabou construindo o B-299, e a Força Aérea do Exército o comprou e voou com ele durante décadas. A Fortaleza Voadora entrou para os livros de história. Assim como a lista de controle dos pilotos.

Essas listas não são uma solução perfeita. Cada reparo tem consequências inesperadas. A mesma lista de controle, se for lida oito vezes por dia, talvez não receba a mesma dose de atenção, um fenômeno que o dr. Key Dismukes, ex-cientista da Nasa e especialista em fatores humanos, chama de "ver sem ver".

Há cerca de uma dúzia de listas de controle em uma viagem sem incidentes. Em uma com incidentes, como o voo 32 da Qantas, um Airbus A380 que sofreu uma pane total de motor pouco depois da decolagem em 2010, os pilotos passaram por cerca de 120 verificações. Devido à explosão do motor Rolls-Royce Trent 900, o comandante Richard de Crespigny e seu copiloto, Matt Hicks, estavam com um motor a menos; três outros que não funcionavam direito; incapacidade de transferir combustível; problemas nos sistemas elétricos, de comunicação, controle de voo, hidráulico e pneumático; e "um monte de outras coisas", nas palavras de De Crespigny.

Eles estavam ocupados determinando a condição do avião e planejando os passos seguintes enquanto as listas de emergência ficavam aparecendo na tela da cabine "como se fossem pratos em um restaurante de rodízio", segundo De Crespigny. "Acho que inventei o termo fadiga de listas de controle", disse ele — mas não inventou. De Crespigny só vivenciou o caso mais destacado de sobrecarga de pilotos por causa de listas de controle, um fenômeno caracterizado como "pare de me interromper quando eu estou ocupado" e identificado por Dismukes em 1993.

Dismukes não estava cobrando o fim das listas de controle, que, se tivessem sido usadas de forma adequada, poderiam ter evitado desastres como o do voo 522 da Helios, em que os pilotos deixaram de ativar a pressurização da cabine; ou o voo 5022 da Spanair, que caiu após uma tentativa de decolagem sem *flaps*. Ele estava reconhecendo que, à medida que as máquinas se tornam cada vez mais complexas, todos os aspectos da interação humana com elas também precisam evoluir. "O que é complexidade demais?" é uma pergunta que deve ser feita em diversas ocasiões.

No verão de 2009, um comandante de sessenta anos de um Boeing 777 da Continental caiu por cima dos controles em um voo que transportava 247 pessoas de Bruxelas para Newark. Os passageiros ouviram os comissários perguntarem se havia algum médico a bordo. Havia, mas era tarde demais para Craig Lenell. Todas as companhias aéreas são obrigadas a manter dois pilotos, e em voos a partir de determinada duração pode haver três ou mais: a tripulação de voo e um ou mais pilotos de reserva.

"Se um dos pilotos passar por algum problema de ordem fisiológica, o outro é capaz de assumir sem percalços", disse John Nance, piloto de linha aérea aposentado e consultor de aviação para a ABC News.

Um piloto morrer nos controles é algo bastante raro. O benefício de contar com dois pilotos se faz valer com muito mais frequência em circunstâncias menos dramáticas. Como Nance explicou, dois pilotos proporcionam "dois cérebros e dois pares de olhos" para o voo. Na melhor das hipóteses, uma tripulação de dois pilotos atua como uma equipe de precisão que possui uma visão em comum da tarefa adiante e visões independentes um do outro. Os termos *desafio e reação* e *monitoramento e verificação cruzada*, e a transferência de informação que mencionei antes, descrevem esse relacionamento, que também pode ser chamado de comunicação.

Livros inteiros já foram escritos sobre formas de aprimorar a comunicação entre pilotos, porque, sem treinamento especial, pode haver mal-entendidos na cabine de comando com a mesma facilidade que haveria em qualquer situação em que duas pessoas que mal se conhecem, ou que se encontram pela primeira vez, precisam realizar uma tarefa juntas. No entanto, na cabine, há muito mais coisa em jogo.

O acidente de aviação mais letal de todos os tempos, a colisão de um Boeing 747 da KLM Royal Dutch com outro 747, operado pela Pan American

World Airways, deixou bem claro que era preciso prestar mais atenção à tarefa aparentemente simples de conversar e ao fenômeno complexo da hierarquia dentro da cabine de comando. O acidente aconteceu no dia 27 de março de 1977, em uma pista do aeroporto de Tenerife, nas ilhas Canárias.

Os dois aviões, assim como vários outros, tinham sido desviados de Las Palmas, em Gran Canaria, para o aeroporto Los Rodeos, em Tenerife. O terminal do aeroporto de Las Palmas teve que ser fechado por causa de uma bomba e só foi reaberto três horas depois. Quando isso aconteceu, as tripulações das linhas aéreas começaram a se preparar para o voo curto de Tenerife até Las Palmas, seu destino original.

No avião da KLM, os pilotos estavam sob o comando de Jacob van Zanten, de cinquenta anos, chefe de treinamento de voo e, por ser o rosto dos anúncios na revista da companhia, uma espécie de celebridade na Holanda. O atraso deve ter abalado Van Zanten, que operava com os outros pilotos sob novas restrições de tempo de voo. Se ficassem presos por muito mais tempo, eles não teriam permissão para fazer o voo de volta de Las Palmas para Amsterdam.

Se isso acontecesse, centenas de passageiros teriam que ser acomodados em hotéis, e o avião ficaria parado durante a noite no aeroporto em vez de gerar receitas para a companhia. E havia outro fator a ser considerado: o ego do comandante. Como Nance explicou, tem "o constrangimento de um líder veterano que não é capaz de realizar o que ele queria que acontecesse". Nos anos seguintes, essa e outras pressões igualmente sutis seriam exploradas mais a fundo por seu impacto nas decisões que levaram àquela tarde fatídica.

Havia muito mais aviões em Los Rodeos do que a quantidade de portões disponíveis para recebê-los, então as aeronaves estacionaram em algumas das pistas de táxi. Mas isso criou um novo problema: elas estavam impedindo o acesso à pista para os voos de saída.

Os controladores disseram para as tripulações realizarem um procedimento incomum conhecido como táxi reverso. Um avião taxiaria pela pista, sendo seguido por outro. Quando o primeiro avião chegasse à cabeceira da pista, faria uma volta de 180 graus para assumir posição de decolagem. O avião seguinte teria que sair para uma pista de táxi a fim de abrir caminho para a decolagem do avião posicionado. Quando o primeiro avião fosse embora, o segundo taxiaria para a pista e decolaria.

Dois aviões já haviam saído, e as aeronaves da Pan Am e da KLM eram as seguintes. A da KLM foi na frente, seguida pelo *Clipper Victor*, cujo comandante, por coincidência, se chamava Victor Grubbs, de 56 anos. Robert Bragg era o copiloto, e George Warns era o engenheiro de voo.

À medida que os aviões avançavam pela pista, Bragg, que na época tinha 39 anos, lembra que os céus estavam limpos, mas, antes que o avião da Pan Am pudesse ir para a pista de táxi e sair da trajetória de decolagem do voo da KLM, uma densa neblina se formou. "Nossa visibilidade passou de ilimitada para quinhentos metros em menos de um minuto. A torre até fez um alerta para avisar que 'Senhores, a visibilidade da pista é de quinhentos a setecentos metros'", disse Bragg em uma matéria para a *Flight Safety Australia*. A neblina estava tão cerrada que a tripulação da Pan Am concluiu que a visibilidade estava abaixo do mínimo para decolagem e presumiu que a pista estava fechada. Grubbs, um piloto com 21 mil horas de voo, continuou conduzindo o avião através da neblina, mas devagar. Os três homens se esforçaram para enxergar a saída da pista.

Porém, na cabeceira da pista, a neblina já havia se dissipado. Van Zanten girou o avião da KLM para a direção da decolagem. A aeronave agora estava virada de frente para o nariz do jumbo da Pan Am, que se movia lentamente na neblina a oitocentos metros de distância. Ele empurrou os manetes — o que aparentemente assustou o copiloto Klaas Meurs, de 32 anos. "Espere um pouco, não temos autorização do CTA", disse Meurs. O copiloto já conhecia o comandante. Foi Van Zanten quem o qualificara no 747 apenas dois meses antes.

Van Zanten voltou a reduzir a potência e instruiu Meurs a chamar o CTA. O copiloto comunicou pelo rádio que estava pronto para decolagem e aguardando autorização. O controlador da torre respondeu com informações de saída e navegação, mas não expressou a autorização para decolagem.

Enquanto Meurs confirmava as instruções, Van Zanten disse: "Vamos, verifique potência". Mais uma vez, o comandante injetou combustível nos motores do avião.

Meurs ativou o microfone e releu as palavras do controlador, acrescentando algo como "Estamos em decolagem".

Em uma análise do acidente conduzida pela ALPA, essa frase ambígua receberia muita atenção. Os pilotos concluíram que o copiloto da KLM achou que havia algo errado com a decisão do comandante Van Zanten e estava "tentando alertar todo mundo na frequência de que eles estavam começando o procedimento de decolagem".

O comandante Grubbs, no Clipper da Pan Am, ouviu a transmissão e ficou surpreso. "Não", disse ele, e um segundo depois o controlador falou para o avião da KLM: "Aguarde para decolagem. Vou avisar".

"E nós ainda estamos taxiando pela pista", acrescentou o copiloto Bragg, da Pan Am.

Os pilotos da Pan Am devem ter pensado que estavam deixando bem claro para o KLM que ainda estava no caminho, mas essas mensagens foram abafadas pelas transmissões conflitantes, o que criou um ruído incompreensível na cabine do KLM.

"Avise quando liberar a pista", disse o controlador para a tripulação do Pan Am, que respondeu: "O.k., vamos avisar quando liberarmos".

O 747 da KLM acelerava pela pista; o copiloto Meurs e o engenheiro de voo Willem Schreuder ouviram isso, o que fez Schreuder perguntar: "Ele não liberou, então?".

"O que você disse?", perguntou o comandante Van Zanten.

"O Pan Am ainda não liberou a pista?", repetiu Schreuder.

"Ah, sim", responderam Van Zanten e Meurs ao mesmo tempo.

O comandante Van Zanten tinha decidido. Em seu laudo, os especialistas em fatores humanos da ALPA concluíram que "rever essa decisão em um momento tão crítico da decolagem talvez tenha parecido uma ideia intolerável", citando os outros fatores que devem ter passado pela cabeça do comandante, incluindo a aeronave pesada, a pista úmida e a visibilidade baixa.

O Boeing 747 da KLM estava se aproximando do outro avião ainda oculto em meio à bruma.

No *Clipper Victor*, o comandante Grubbs se espantou ao ver as luzes da aeronave da KLM se aproximando rapidamente pela neblina.

"Meu Deus, aquele filho da puta está vindo direto para cima da gente", disse. Ele aplicou potência nos manetes e virou o trem de pouso dianteiro para a esquerda em um esforço desesperado para sair do caminho.

A essa altura, Van Zanten, no KLM, também viu a colisão iminente. Como sua aeronave estava rápida demais para parar, ele puxou o manche em uma tentativa desvairada de decolar por cima do Clipper da Pan Am. A cauda do avião da KLM raspou pela pista enquanto a parte da frente subia o bastante para o trem de pouso dianteiro passar por cima do 747 da Pan Am.

Sentado no lado direito da cabine de comando do Pan Am e de frente para o jato da KLM, o copiloto Bragg se lembra do horror. "Sai, sai, sai", gritou ele para Grubbs enquanto a barriga do avião da KLM subia diante de seus olhos.

"Eu me abaixei, fechei os olhos e rezei. 'Deus, que ele não nos acerte.' E, quando acertou nosso avião, foi só um tremor muito curto e baixo. Cheguei até a achar que ele não tinha acertado, até que abri os olhos."

Quando o 747 da KLM arrastou a parte inferior da fuselagem pela parte de cima do *Clipper Victor*, ele arrancou um pedaço enorme do avião e voltou a cair na pista, derrapando por uns 450 metros em uma chuva de faíscas e explosões conforme o combustível esguichado dos tanques quebrados pegava fogo.

Todas as 249 pessoas a bordo do voo da KLM morreram. Das 396 pessoas no avião da Pan Am, setenta sobreviveram ao acidente (embora nove tenham morrido depois), um fato que Bragg atribui à reação rápida de Grubb ao tirar pelo menos a dianteira do avião do caminho.

Entre os sobreviventes, alguns disseram que o impacto pareceu a explosão de uma bomba. O efeito na indústria da aviação foi igualmente explosivo. Não foi pela colisão de duas aeronaves; isso já havia acontecido outras vezes. Mas a quantidade de vítimas e a sequência de falhas de comunicação foram um grande alarme para a indústria.

Houve erros por todos os lados, e os mais óbvios foram os dos três homens na cabine de comando do 747 da KLM, que não expressaram com clareza suas preocupações. O desastre também revelou o perigo da tradicional religião de "perfeição" na aviação. O dogma consiste na crença de que o comandante sempre tem razão e que pilotos bons nunca cometem erros. Em um artigo de 1990 para a Flight Safety Foundation, Robert Besco, comandante aposentado de linha aérea e consultor de desempenho humano, observou que "os pilotos adotaram uma atitude de negação de riscos". Se o comandante era considerado Deus e o restante das pessoas formava a congregação, é claro que os pilotos não queriam/podiam se pronunciar nem quando viam que havia algo errado.

John Lauber, que na época trabalhava no Centro de Pesquisa Ames da Nasa, na Califórnia, já havia passado anos observando a disparidade crescente entre a confiabilidade da máquina e a do ser humano que a pilotava. Ele visitara companhias aéreas e falara de um novo conceito que chamava de gerenciamento de recursos da cabine de comando, ou CRM, na sigla em inglês. Uma das companhias que ele visitou foi a KLM Royal Dutch. Um dos pilotos com quem conversou foi o comandante Van Zanten.

Segundo Lauber, "Ele era um cara muito impressionante, um piloto louro de olhar firme. Tinha uma personalidade forte". Lauber estava apresentando o CRM como algo que as empresas podiam usar para ajudar os pilotos a gerenciar melhor o ambiente de trabalho. No entanto, elas "não tinham feito nada quanto a desenvolver programas para tratar dessas questões", lembrou Lauber.

O CRM era mais do que ensinar comunicação e hierarquia de moderação. O objetivo era ajudar os pilotos a lidar com uma grande variedade de erros humanos que Lauber havia visto em uma análise de oitenta acidentes nas décadas de 1970 e 1980. O que mais se destacou foi um Lockheed L-1011 novo em folha que colidiu com o solo em Miami em 1972.

Bob Loft era um dos comandantes mais experientes da Eastern Airlines, com 30 mil horas de voo. Seu copiloto, Bert Stockstill, fora piloto da Força Aérea e tinha 6 mil horas e ainda mais tempo no L-1011 do que Loft. O engenheiro de voo, Don Repo, tinha 25 anos de casa na Eastern e quase 16 mil horas de voo.

Conforme o voo 401 da Eastern Airlines se aproximava do aeroporto internacional de Miami no fim de dezembro de 1972, a lâmpada de indicação do trem de pouso dianteiro não se acendeu. Sem saber se o defeito era com a lâmpada ou com o trem de pouso, o comandante arremeteu. Autorizados a voar a 2 mil pés (cerca de seiscentos metros), os tripulantes começaram a diagnosticar a situação, e durante o processo de tirar a lâmpada e tentar reinseri-la alguém sem perceber desligou o controle de altitude. Nenhum dos três pilotos, nem o mecânico que ocupava o assento extra, percebeu isso, porque todos os quatro estavam tentando descobrir se o problema era no trem de pouso ou só na lâmpada de alerta.

Enquanto o avião descia da altitude designada, um alarme começou a soar, mas parece que ninguém escutou. Eles estavam prestes a concluir que era só uma lâmpada com defeito quando Stockstill percebeu a descida do avião.

"Fizemos alguma coisa com a altitude", disse o copiloto.

"O quê?", perguntou o comandante Loft.

"Ainda estamos em 2 mil, certo?"

As últimas palavras de Loft demonstraram sua confusão: "Ei, o que está acontecendo aqui?".

O voo 401 bateu no Everglades, matando 111 pessoas das 177 que estavam a bordo.

Quando John Lauber encontrou o laudo detalhado, chamou aquilo de "protótipo" de acidente em que a tripulação não gerenciou os recursos disponíveis. Seu gerenciamento de recursos da cabine de comando ensinaria os pilotos a fazer isso, da mesma forma que empresas treinam seus gerentes. "Os pilotos geralmente eram bem treinados em sistemas de aviação e técnicas básicas de voo", disse ele. Mas nada se fazia para ensinar o que eles precisavam saber sobre tomada de decisão, comunicação e liderança.

O acidente em Tenerife deu nova energia ao trabalho de Lauber, e nos anos posteriores o gerenciamento de recursos da cabine de comando seria rebatizado como "gerenciamento de recursos de tripulação", reconhecendo que outros profissionais de aviação, como mecânicos, comissários de bordo, despachantes e controladores de tráfego aéreo, também tinham papel nos voos seguros. De quebra, o acrônimo em inglês, CRM, continuou igual.

"Muitos incidentes na vida, assim como nas indústrias, foram provocados por comunicações ambíguas", disse Christopher D. Wickens, professor de psicologia especializado em fatores humanos na aviação. "O CRM claramente é uma das coisas mais importantes que surgiram na aviação nos últimos quarenta anos."

Às vezes, o CRM era ignorado por gente que dizia se tratar de uma frescura, um exercício meloso do tipo "eu estou bem, você está bem". Em geral, a resistência diminuiu, embora ainda exista o desafio de eliminar o que Wickens chama de gradiente negativo de autoridade, em que diferenças de hierarquia e experiência dentro da cabine de comando criam dificuldades de comunicação.

A diferença de poder ainda impede que pilotos de menos experiência ou posição hierárquica inferior chamem a atenção de um piloto mais graduado em caso de erros. Em um relatório para a Nasa, Dismukes e Ben Berman, também pesquisador de fatores humanos, constataram que os comandantes corrigiam seus copilotos em caso de erro duas vezes mais do que os copilotos quando viam o comandante errar.

"Tradicionalmente, a cabine de comando era uma hierarquia rígida; o piloto mais jovem nunca fazia perguntas. Parte do treinamento em CRM é criar um ambiente em que, quando [o piloto mais jovem] tem informações cruciais para o voo, o comandante preste atenção", disse Wickens. Traçando um paralelo com a forma como a patente é desconsiderada em situações de segurança nas Forças Armadas, Wickens explicou: "Na hora de pousar em porta-aviões, uma pessoa de baixa patente pode ficar no comando porque tem a informação de que todo mundo precisa. A autoridade se desloca de forma dinâmica".

Apontar erros pode resultar em conversas difíceis, e havia muitos fatores que traziam inibição na noite em que uma aeronave turboélice da Colgan Air caiu durante a aproximação ao aeroporto em Buffalo, Nova York, em 2009. Rebecca Shaw, a copiloto de 24 anos, voava para a Colgan havia um ano. Marvin Renslow, o comandante de 47 anos, tinha quatro anos de empresa, mas apenas cem horas de voo como comandante no Bombardier Q400. Enquanto Shaw fungava com um resfriado e respondia com vários "aham", o comandante falava praticamente sozinho, mesmo durante a aproximação ao aeroporto. Não se sabe se a copiloto considerava o falatório uma distração. Ela parecia preocupada com as condições difíceis em que estavam voando: à noite, com gelo. Uma leitura do gravador de voz da cabine sugere que ela não estava inclinada a se impor. Até sua apreensão quanto ao gelo não era muito direta: "Nunca vi condições para congelamento. Nunca degelei. Nunca vi nada... nunca passei por nada disso". Ela continuou: "Eu teria, tipo, visto esse monte de gelo e pensado 'Minha nossa, nós vamos bater'".

Conforme o avião se aproximava do aeroporto, Renslow se equivocou com um alarme de estol que indicou que o avião estava voando muito devagar, supostamente por ter acumulado gelo, embora na verdade não tivesse. As proteções contra estol no avião fizeram o nariz abaixar para ganhar velocidade, mas o piloto puxou o manche para cima, agravando o problema. O avião bateu em uma casa perto do aeroporto, matando todos a bordo e uma pessoa em terra.

Embora tenha sido um acidente completamente distinto quanto aos detalhes específicos, o voo 214 da Asiana Airlines, que pousou antes da pista no aeroporto internacional de San Francisco em um dia claro de verão de 2013, também foi um caso de relutância na hora de se pronunciar. Devido a uma série de mal-entendidos em relação ao funcionamento da automação, o avião se aproximou a uma altitude muito baixa e com pouca velocidade, e a decisão de arremeter para tentar pousar de novo foi tomada tarde demais.

O avião atingiu um quebra-mar na beira da pista de pouso na baía de San Francisco, bateu no chão e se inclinou para cima antes de acertar a pista pela segunda vez. Lee Kang-guk, o comandante, no assento da esquerda, tinha um total de 10 mil horas de voo em outras aeronaves, mas apenas 33 no Boeing 777. Estava fazendo a transição do estreito Airbus A320 sob a supervisão do comandante Lee Jung-min, que estava no assento direito.

Após o acidente, Lee Kang-guk disse aos investigadores que demorou para iniciar a arremetida porque achou que "só o comandante instrutor tinha autoridade para isso".

A liberdade dos pilotos para se impor, chamar a atenção dos superiores para erros ou reconhecer a própria falibilidade depende muito da cultura. Em uma análise publicada no *Journal of Air Transportation* em 2000, Michael Engle escreveu que "havia diferenças culturais extremas" quanto à possibilidade de que "tripulantes menos experientes questionassem as ações de um comandante", dependendo da parte do mundo de onde vinham.

Quarenta anos após a pressão para melhorar as interações dentro da cabine de comando e incutir na tripulação toda uma noção de responsabilidade compartilhada, parece que as técnicas funcionam melhor em sociedades onde a individualidade é mais valorizada do que a hierarquia. O CRM talvez precise evoluir para levar em conta os padrões muito diferentes que as pessoas têm de comunicação interpessoal em regiões onde a aviação está passando por um crescimento mais acentuado, como na Ásia, no Oriente Médio e na América do Sul.

Os acidentes do voo 3407 da Colgan e do 214 da Asiana também chamam a atenção para uma coleção de problemas que invadiram clandestinamente o avião digital: automação, complexidade e complacência.

Evolução

Nos primórdios da aviação, a cabine de comando era um lugar cheio e movimentado. A tripulação do *Hawaii Clipper* em 1938 consistia em um comandante, quatro copilotos, um engenheiro de voo, um engenheiro assistente e um operador de rádio — oito pessoas necessárias para transportar seis passageiros. Cada nova geração de avião incorporava avanços que realizavam de forma mais rápida e melhor uma tarefa que antes era feita pelo piloto. Voar como os irmãos Wright era operar a máquina com o corpo e usar os sentidos. Cada novo avanço fazia com que o ato de pilotar fosse menos físico e mais intelectual.

Uma tripulação normal consistia em três pessoas quando Robert Pearson conseguiu seu primeiro emprego como piloto de linha aérea, em 1957. Ele era um copiloto no DC-3 da Trans-Canada Air Lines, que em 1965 se tornaria a Air Canada. Após pilotar o quadrimotor britânico Vickers Viscount, o DC-9 e o Boeing 727, Pearson era um comandante de 47 anos em 1983 quando a Air Canada comprou o jato mais moderno do mundo, o bimotor de grande porte 767. Era um avião radicalmente diferente, devido à incorporação de tecnologias que eliminavam a necessidade do terceiro piloto. O engenheiro de voo (às vezes chamado de segundo copiloto) antes era responsável por acompanhar o combustível e os sistemas hidráulico, pneumático e elétrico do avião. No entanto, com os computadores no 767, o avião poderia se monitorar por conta própria e apresentar todas as informações para os pilotos em monitores de gerenciamento de voo com imagens nítidas, detalhadas e de fácil interpretação.

O Boeing 767 se encontrava um passo à frente da Airbus, que estava produzindo um avião ainda mais radical, a primeira geração de aeronaves com *fly-by-wire*, um sistema eletrônico que colocaria um computador entre os controles de voo e as superfícies de controle, criando um envelope de voo protetor que o piloto não teria como extrapolar.

A digitalização do voo deu início a uma nova era, mas será que as companhias aéreas estavam prontas?

Em fevereiro de 1983, Pearson começou um curso de quatro semanas a fim de se qualificar para o 767: duas semanas de aulas teóricas e duas semanas de voos em simulador. Em abril, ele se tornou comandante. Do assento esquerdo, olhando para a variedade de dispositivos, ele reparou que muitas funções manuais passaram a ser realizadas pelo computador. "O que eu sabia de computadores? Minha experiência com computadores era usar um caixa eletrônico do Royal Bank of Canada", disse ele. Pearson estava prestes a viver uma experiência quase catastrófica com o Boeing 767, resultante da falta de compreensão sobre os princípios básicos da tecnologia da nova aeronave.

Em 23 de julho de 1983, Pearson e o copiloto Maurice Quintal foram encarregados de voar com um dos novos 767s da Air Canada de Montreal para Edmonton. Devido a uma série de mal-entendidos, a tripulação de solo calculou a quantidade de combustível para o avião convertendo o volume em libras, que é como eles abasteciam os outros aviões da frota da Air Canada. Mas o sistema de combustível do 767 usava quilogramas. Como uma libra equivale a menos de meio quilo, com o erro apenas metade do combustível necessário foi inserida nos tanques para o voo transcontinental de quatro horas e meia. A tela que exibia a quantidade de combustível não estava funcionando, então a tripulação inseriu manualmente o número 22 300 no computador de bordo — sem se dar conta de que o computador consideraria 22 300 quilos, ou o dobro da quantidade de combustível que tinha na realidade. Como a tripulação acreditava que a aeronave tinha combustível mais que suficiente para a viagem, o avião decolou.

Nem os pilotos nem os responsáveis pelo abastecimento se deram conta do erro, e o 767 não tinha mais um engenheiro de voo encarregado do sistema e de garantir que o avião tivesse a quantidade necessária de combustível para o voo. "Se todo mundo é treinado e as responsabilidades de cada um são bem delineadas, não existe ambiguidade", disse Rick Dion, um executivo da manutenção da Air Canada que estava no avião como passageiro. "Nesse caso, estava meio que em aberto. Não sabíamos quem devia ter a última palavra nessa coisa do combustível."

O voo 143 estava a 41 mil pés (12 500 metros), e a cerca de 160 quilômetros de Winnipeg, quando o primeiro motor ficou sem combustível, seguido logo depois pelo segundo. Sem os motores para gerar eletricidade, os pilotos perderam os instrumentos na cabine de comando. Eles estavam a 120 quilômetros do aeroporto mais próximo. A história instigante de como experiência e trabalho em equipe salvaram o dia está na Parte Cinco deste livro. A lição aqui veio de Pearson, que disse que ele e os outros aprenderam naquele dia que não estavam preparados para o salto tecnológico monumental — isso de um homem que literalmente entrou voando na era dos aviões a jato.

"A transição de uma era sem computadores para a era da informática foi mais difícil do que a transição de aviões a hélice para aviões a jato, e não porque eles voavam duas vezes mais alto e mais rápido. Foi por causa de todos os grandes desconhecidos", disse ele.

Após anos de acidentes que podiam ser atribuídos à falha humana, a automação de certas funções pretendia fazer com que o voo fosse mais preciso, eficiente e, claro, seguro. Um exame do declínio no índice de acidentes desde a chegada do avião digital evidencia os benefícios. A quantidade de acidentes que resultaram na perda do avião, conhecida como "perda do casco", se manteve estável ao longo dos anos, enquanto a quantidade de voos aumentou de meio milhão por ano em 1960 para quase 30 milhões em 2013. A terceira e a quarta gerações de aviões automatizados, os que têm telas digitais e computadores que protegem o avião contra manobras fora de um espectro predeterminado de parâmetros de segurança, são ainda mais eficazes.

O lado negativo da automação é criar tanto complexidade quanto complacência. A complexidade pode fazer os pilotos não entenderem o que o avião está fazendo ou como funciona. Foi a complexidade que fez com que meia dúzia de funcionários da Air Canada não conseguisse calcular a quantidade de combustível que devia ser usada no voo 143. Foi a opacidade do sistema que fez os pilotos acharem que, ao registrarem a quantidade de combustível que eles achavam que fora inserida nos tanques, teriam uma leitura correta da quantidade disponível para o voo. Ao reconhecer o erro mais tarde, Pearson disse que, pela primeira vez, entendeu a expressão "entra lixo, sai lixo".

Considerando como a automação pode levar à confusão, é um paradoxo o fato de que ela também possa contribuir para a distração dos tripulantes. Com o L-1011 no piloto automático, os três homens no voo 401 da Eastern pararam de prestar atenção aos controles para trocar uma lâmpada. Em um caso mais recente, um voo da Northwest Airlines de San Diego para Minneapolis virou manchete no mundo inteiro quando os pilotos ficaram tão envolvidos em seus próprios laptops que passaram direto do destino.

O voo 188 estava a 240 quilômetros além do aeroporto internacional de Minneapolis com 144 passageiros em outubro de 2009 quando um comissário de bordo foi falar com os pilotos, curioso para saber por que o avião ainda não havia começado o procedimento de descida. Durante 55 minutos, os pilotos ignoraram as chamadas pelo rádio da tripulação de solo em Denver e em Minneapolis, além das chamadas da tripulação de outro avião da Northwest. Até hoje, dizem que os pilotos provavelmente estavam dormindo, afinal, que outro motivo os faria não ouvir todas as pessoas chamando no rádio?

Robert Sumwalt era membro do NTSB na época. Ex-piloto de linha aérea, ele tinha familiaridade com a problemática questão da complacência. Em 1997, Sumwalt e outros dois examinaram relatórios anônimos de pilotos e descobriram que a falta de acompanhamento adequado do que o avião estava fazendo era uma das responsáveis de metade a três quartos de todos os incidentes de segurança aérea. Entre 2005 e 2008, um grupo da indústria de linhas aéreas identificou dezesseis casos semelhantes ao voo 188 da Northwest, incluindo um em que o comandante voltou do banheiro e viu o copiloto batendo papo com o comissário de bordo. Como estava de costas para os instrumentos, o copiloto não percebeu que o piloto automático tinha se desligado e o avião estava correndo risco de estol. Após perder 4 mil pés (1200 metros) de altitude, o comandante conseguiu recuperar o controle do avião.

Quando o voo 188 virou manchete, Randy Babbitt, então administrador da FAA, apareceu no noticiário da noite e criticou a tripulação de voo. Ele destacou que os pilotos da Northwest estavam usando seus laptops, distraídos com trabalhos sem relação com o voo, o que era proibido. "Não tem nada a ver com a automação. Não tem o menor cabimento qualquer oportunidade de distração dentro da cabine de comando. Sua atenção devia estar voltada para o controle do avião."

Uma bronca parece adequada, especialmente quando histórias como essa do voo 188 da Northwest são estampadas em todos os jornais e deixam os passageiros nervosos. Ainda assim, mandar os pilotos prestarem mais atenção é algo simples demais. Talvez nem seja possível manter uma concentração constante em atividades rotineiras, segundo Missy Cummings, engenheira de sistemas e diretora do Laboratório de Humanos e Autonomia da Universidade Duke. "A mente humana anseia por estímulo", disse ela. Sem isso, a mente divaga.

Cummings, ex-piloto de F-18 da Marinha, defende a automação e imagina um futuro com mais sistemas automáticos, e não menos, se os problemas identificados por um de seus ex-alunos no Instituto de Tecnologia de Massachusetts puderem ser resolvidos.

Durante o programa de mestrado no MIT, Christin Hart Mastracchio realizou um estudo que indicou que, quando a automação reduz excessivamente a carga de trabalho, a vigilância cai. Ela concluiu que "o tédio produz efeitos negativos no moral, no desempenho e na qualidade do trabalho". Agora capitão da Força Aérea na Base Minot na Dakota do Norte, Mastracchio pilota o B-52 Stratofortress, de oito motores e sessenta anos, e automação não é um problema.

"O B-52 é o oposto da automação. São necessárias cinco pessoas só para fazê-lo voar", contou-me ela. "Todos nós precisamos trabalhar juntos para controlar aquela monstruosidade. É preciso achar um meio-termo onde haja a quantidade certa de automação."

No dia em que Lee Kang-guk fazia a primeira aproximação do aeroporto de San Francisco no voo 214 da Asiana durante seu treinamento para comandante do Boeing 777, um sistema eletrônico auxiliar de navegação que normalmente seria usado estava desativado para receber manutenção. Como o dia 6 de julho de 2013 estava limpo e ensolarado, isso talvez não tivesse sido um problema para muitos pilotos, mas algumas companhias aéreas, incluindo a Asiana, têm o costume de sempre usar automação. Após o pouso forçado, o comandante Lee Kang-guk disse aos investigadores que tinha achado "muito estressante" fazer a aproximação visual. Ele falou que foi "difícil operar" sem o sistema eletrônico que acompanha a trajetória de planeio do avião.

O comandante Lee Kang-guk era um piloto experiente no Airbus, mas é importante lembrar que ele tinha apenas 33 horas de voo no Boeing 777. Durante a aproximação, ele cometeu uma série de erros enquanto tentava posicionar o avião na trajetória de planeio rumo ao aeroporto. Nem ele nem o piloto supervisor, o comandante Lee Jung-min, sequer discutiram a possibilidade de arremetida, apesar de ser política da empresa arremeter quando o avião não se encontrava na altura ou na velocidade adequadas ao chegar a 150 metros do aeroporto. Em um aspecto, o comandante Lee Jung-min, com 12 mil horas de voo, era como Lee Kang-guk: aquele era seu primeiro voo como comandante instrutor.

Todos esses fatores, além de outros, tiveram parte no acidente. Em seu laudo, o NTSB concluiu que "mais oportunidades para operar manualmente o 777 durante o treinamento" ajudariam os pilotos a voar melhor.

Durante o processo de escrita deste livro, tive a chance de ouvir uma nova perspectiva de uma história já conhecida. O relato começa uma semana antes do voo histórico de Orville e Wilbur Wright. Samuel Langley, diretor do Instituto Smithsonian, recebera um subsídio de 50 mil dólares do governo (o equivalente a 1,2 milhão de dólares em 2016) para desenvolver um aeroplano motorizado. Ele passara o verão de 1903 mexendo em uma geringonça para um tripulante chamada *Grande Aeródromo*. Aquilo deveria ser arremessado a partir de uma pista instalada em um barco fluvial no rio Potomac, mas os voos com os protótipos não tinham dado certo.

Em 8 de dezembro de 1903, com o piloto de testes Charles Manly, assistente de Langley, o *Grande Aeródromo* foi lançado para fora do barco, mas nunca decolou. Ele despencou para dentro da água gelada do rio. Desanimado, Langley desistiu. Com 69 anos na época, ele talvez não esperasse viver tempo suficiente para ver o homem voar. Porém, nove dias depois, os irmãos Wright entraram para a história com um voo controlado de doze segundos em Kitty Hawk, na Carolina do Norte. Essa é a história que eu conhecia.

Quem me apresentou o posfácio genial e arrepiante foi John Flach, um professor e diretor do Departamento de Psicologia na Universidade Estadual Wright em Dayton, Ohio: "Christine, os irmãos Wright descobriram que, para um avião funcionar, o controle tinha que estar nas mãos de seres humanos. Isso é uma metáfora".

É uma metáfora adequada para o primeiro século da aviação. Mas e quanto ao segundo? Voar, que nos tempos dos irmãos Wright significava controlar o avião com o deslocamento do próprio peso, passou a ser digitar instruções em um teclado para comandar um sistema complexo de computadores. Por um tempo, o debate foi quem ou o que fazia o melhor trabalho, humanos ou máquinas. A conclusão que está vindo à tona é que cada um faz o trabalho de forma diferente.

"O computador é um sistema baseado em regras", disse-me Flach. "A atitude razoável e humana é quebrar as regras. Um computador vai continuar computando enquanto o prédio pega fogo à sua volta. Um ser humano vai se adaptar à situação."

A indústria da aviação passou décadas criando auxílios para os estresses vivenciados pelos pilotos, desde selecionar os candidatos certos até ensiná-los a gerenciar recursos. E, em quase todos os voos, novas tecnologias e ancestrais qualidades humanas se entrelaçam em sintonia para que o ato de voar seja mais seguro do que a soma dessas partes.

Parte cinco

Resiliência

Todos os dias, em algum lugar no ar, a tripulação de uma cabine de comando evita o desastre na lida rotineira com panes, incertezas meteorológicas ou situações imprevistas.
DR. KEY DISMUKES, PESQUISADOR DE
FATORES HUMANOS DA NASA

A metáfora do controle

O cenário do desaparecimento do MH-370 que descrevi neste livro é um exemplo trágico da visão metafórica de Flach sobre o voo dos irmãos Wright: o controle tinha que estar nas mãos do piloto. No MH-370, uma descompressão súbita desencadeou uma série de acontecimentos que exigiam controle humano, mas a hipóxia talvez tenha privado os pilotos de sua capacidade mental.

A falibilidade às vezes leva ao desastre. No entanto, com uma frequência muito maior, a resiliência salva o dia. Pilotos interrompem procedimentos errados e corrigem descuidos. Encontram soluções alternativas e reorganizam prioridades. Evitam problemas que nem sabiam que tinham — e não é só de vez em quando, mas em praticamente todo voo, sem que os passageiros sequer saibam que existe algo fora de ordem.

Porém, às vezes, a pane salta aos olhos de todos.

Os alarmes começaram a berrar na cabine de comando do voo 124 da Malaysia Airlines dezoito minutos após a decolagem do aeroporto de Perth em 1º de agosto de 2005. O avião estava chegando a 38 mil pés (11 600 metros) quando o comandante Norhisham Kassim e o copiloto Caleb Foong se assustaram com dois alarmes totalmente conflitantes. O primeiro avisava que o Boeing 777 estava voando muito devagar e corria risco de estol; o outro indicava que o avião estava rápido demais. Antes que qualquer um dos dois tivesse tempo de reagir, eles foram empurrados para trás no assento quando a dianteira do avião de repente virou para cima.

Um comandante experiente de 777 me contou que esse com certeza foi um "momento PQP". Porém, com um eufemismo excepcional, Norhisham disse que ficou "espantado". O nariz estava elevado, cerca de dezessete graus, e escalando o céu a uma velocidade de 3 mil metros por minuto. Isso é uma subida a mais de 150 quilômetros por hora.

Eles estavam voando com o piloto automático quando o problema começou, então Norhisham desligou o sistema e empurrou o manche para abaixar o nariz. Isso fez o autorregulador injetar mais combustível nos motores e dar à descida um impulso inesperado, de modo que o avião começou um mergulho de 4 mil pés (1200 metros). Posicionar o manete em neutro só fez o avião virar para cima de novo, e a aeronave subiu mais 2 mil pés (seiscentos metros) até os pilotos, desorientados, conseguirem estabilizá-lo.

O avião tremia intensamente, segundo Kim Holst, uma passageira da Austrália. "Um comissário de bordo derrubou uma bandeja inteira de bebidas e engatinhou no chão de volta para o assento dele, e o outro comissário começou a rezar", disse Holst.

Para os pilotos, "foi como montar um cavalo dando coice", disse Norhisham, acrescentando que, "um passageiro nos assentos mais no fundo com certeza vai ter uma sensação pior".

Norhisham e Foong estavam enfrentando uma situação semelhante à experiência de Robert Pearson no 767 da Air Canada: um caso de "entra lixo, sai lixo" com o cérebro computadorizado do avião.

Todas as bugigangas eletrônicas sofisticadas que fornecem informações aos pilotos e permitem o voo automático dependem de sensores na unidade de referência inercial e dados aéreos, conhecida como ADIRU na sigla em inglês. O ADIRU consiste em dois conjuntos de três acelerômetros. Dois acelerômetros calculam o movimento lateral e vertical das asas, chamado de rolamento; dois calculam o movimento vertical do nariz, chamado de arfagem; e dois medem o movimento lateral e circular no plano horizontal, chamado de guinada. São dois conjuntos de sensores para cada acelerômetro: um é primário, o outro é o reserva. Essa redundância fornecia um sentimento de segurança tão grande para as operadoras do Boeing 777 que nunca se criou uma lista de controle para os pilotos caso os sensores dessem informações erradas. No entanto, era isso que estava provocando a viagem maluca do MH-124 no céu da Austrália.

A tripulação sabia que o avião estava se comportando de forma errática, mas não compreendia por quê. Então, enquanto eles se preparavam para voltar a Perth, Norhisham hesitou antes de desligar o autorregulador. A pilotagem do avião era muito complexa, e ele tinha esperança de que alguma parte da automação pudesse ajudar a diminuir a carga de trabalho.

Como um motorista ruim pisando no acelerador, a alavanca que controlava o combustível injetado nos motores não parava de "oscilar para cima e para baixo", enquanto os dois pilotos lutavam para retomar o controle do voo. Norhisham e Foong estavam realizando uma espécie de triagem, lidando com os problemas mais críticos enquanto tratavam de levar o 777 de volta para Perth. Diante de uma situação desorientadora, o comandante teve que desistir de diagnosticar a situação e se concentrar em aprender a pilotar aquela aeronave com todas as particularidades que subitamente vieram à tona.

Com certeza eles ficaram aliviados quando viram a aproximação ao aeroporto, mas o sentimento durou pouco. Estavam prestes a ter uma surpresa de última hora. Conforme o avião descia 3 mil pés (novecentos metros), outro instrumento na orquestra de alarmes começou a soar. *Wind shear, Wind shear* (tesoura de vento), gritou a voz eletrônica, acompanhando a série de apitos agudos.

Pilotos encaram com devida cautela as tesouras de vento, que são uma mudança repentina de direção ou velocidade do vento. É uma circunstância preocupante perto do solo porque pode fazer a aeronave perder sustentação, dando pouco tempo para os pilotos se recuperarem. No jato combalido da Malaysia, os pilotos não estavam dispostos a entrar em uma situação em que precisariam confiar no desempenho do avião, levando em conta o seu comportamento até então imprevisível. Arremeter e fazer uma nova tentativa de pouso, com todas as incertezas quanto às condições do avião, também parecia arriscado.

Norhisham estava preocupado. Será que o alarme era de verdade ou só mais um resultado pouco confiável gerado a partir de dados pouco confiáveis inseridos no ADIRU? O comandante precisava tomar uma decisão. O dia estava limpo, a visibilidade era boa e o vento, razoável, mas o sol estava descendo. "Continuamos [a aproximação para o pouso] com atenção total", disse ele, de olho em qualquer indicação de tesoura de vento.

"Graças a Deus", disse Norhisham quando o voo 124 pousou em segurança sem feridos, embora todo mundo no avião estivesse abalado. Foi só nesse momento que Norhisham parou para pensar na "chance minúscula de sobrevivência". Ele havia entrado para uma fraternidade de pilotos que tinham rompido conscientemente o último elo da corrente que levaria à calamidade.

Três anos e meio depois, Chesley Sullenberger e Jeff Skiles desceram com um Airbus A320 no rio Hudson, em Nova York, quando gansos foram dragados pelo motor após a decolagem no aeroporto LaGuardia.

Em setembro de 2010, Andrei Lamanov e Yevgeny Novoselov aterrissaram em uma pista abandonada no noroeste da Rússia que tinha a metade do comprimento necessário para sua aeronave. Uma pane elétrica total no Tupelov TU-154 levou a uma falha de todas as bombas de combustível, privando os motores e resultando na perda de todos os equipamentos de navegação e rádio em um voo de cinco horas com destino a Moscou.

Ao elogiar as ações de pilotos como esses, um redator da revista *New York* os chamou de "espécie em extinção". Não concordo. A questão não é que poucas pessoas são capazes de fazer o que Norhisham e Foong, Sully e Skiles, Lamanov e Novoselov fizeram. Mas a rede de segurança da aviação é tão ampla e robusta que felizmente é raro quando a gama completa de talento, habilidade e treinamento dos pilotos não basta para evitar que eles a atravessem.

Quando os pilotos cometem erros, viram manchete. Porém, quando conseguem resolver pequenas situações antes que elas se tornem graves, eles na maioria das vezes são invisíveis, fazendo com que a resiliência humana seja o aspecto mais misterioso que contribui para o extraordinário histórico de segurança da indústria.

Segundo o autor James Reason, em seu livro *The Human Contribution*, é fácil identificar quando algo dá errado. Professor de psicologia e pioneiro do estudo sobre fatores humanos, Reason passou a maior parte da carreira escrevendo sobre por que as pessoas fazem besteira. No entanto, em um congresso anual em 2009, ele apresentou o que considera o outro lado da moeda, muito mais interessante. Em Londres, diante do Congresso de Negócios de Risco, Reason classificou o tema do trabalho de sua vida, "humano é risco", como tedioso. "É banal; é muito cotidiano", disse ele. A atenção do octogenário tinha se voltado para "a matéria-prima das lendas", as qualidades que permitem que seres humanos sejam heróis.

Muito tempo foi investido no aprendizado a partir dos erros; mas o que pode ser observado se estudarmos os acertos? Essa pergunta não veio só de

Reason. Desde o dia gelado em que Sullenberger e Skiles pousaram no rio Hudson, o público clama para ouvir a história deles. Isso também vale para os heróis que vieram antes. O pouso forçado controlado do voo 232 da United ocorreu em 1989 e inspirou livros e filmes. O livro mais recente, *Flight 232: A Story of Disaster and Survival*, de Laurence Gonzales, foi adaptado para o teatro. As pessoas continuam fascinadas pelo drama assustador e pela conclusão positiva.

Para descobrir que qualidades esses pilotos têm em comum, analisei cinco voos comerciais que deram muito errado, mas escaparam do desastre completo graças às ações da tripulação de voo. Entrevistei esses pilotos para saber de suas experiências e perguntei que fatores haviam influenciado o resultado. Suas histórias possuíam vários temas em comum, e os agrupei em subtítulos para ressaltá-los. Inovação foi um tema constante, o que não deve ser nenhuma surpresa. Afinal, máquinas não improvisam e computadores não são criativos. Os pilotos levam sua humanidade para a cabine de comando. É sua maior contribuição.

CONHECIMENTO E EXPERIÊNCIA

No meio de um inverno atipicamente quente na Austrália, Richard de Crespigny e Alexander, seu filho adulto, me levaram para um passeio de barco no Porto de Sydney. Atléticos e com cabelos ao vento, os dois estavam nitidamente à vontade; com camisa polo e mocassins, eles podiam ser modelos para o catálogo da Vineyard Vines.

Mas então o motor deu algum problema, e De Crespigny teve que ficar só com a bermuda de neoprene, se pendurar da popa e fazer os reparos para que pudéssemos continuar o passeio. Encharcado e sujo de graxa, ele já não parecia o homem que a Austrália veio a conhecer como Comandante Fantástico, porém, em mais uma ocasião, seu conhecimento de mecânica e sua experiência salvaram o dia.

Pode chamar de maturidade, conhecimento ou tempo no volante, mas, quando pilotos chegam a certa idade, tem pouca coisa que ele ou ela nunca viram antes. Segundo John Gadzinski, piloto de uma linha aérea americana e especialista em segurança e riscos, "você já foi vacinado por suas experiências e reações. É cada vez menos um olhar de susto e mais um de 'Certo, a gente precisa fazer o seguinte'".

Ainda assim, muitos pilotos de linha aérea experientes não têm o mesmo conhecimento que De Crespigny tem sobre o Airbus A380. Era esse modelo que ele estava pilotando em 4 de novembro de 2010, quando liderou uma equipe de cinco pilotos durante o pouso de um avião gravemente danificado com 469 pessoas a bordo. Durante quase duas horas angustiantes, o jumbo contornou o estreito de Cingapura após uma falha generalizada de motor causar buracos na asa e na fuselagem e incapacitar diversos sistemas críticos.

Era uma manhã limpa e ensolarada quando o voo 32 da Qantas saiu do aeroporto Changi, de Cingapura. De repente, a 7 mil pés de altura (2100 metros), os passageiros sentiram o impacto e um estrondo alto. Mike Tooke, sentado no lado esquerdo do avião, viu "um clarão branco no motor interior. Depois, um segundo estrondo incrivelmente alto, e o avião todo começou a vibrar". Cinco segundos depois, "foi como se a gente estivesse despencando do céu".

Da parte de baixo da asa, um jato de combustível jorrava do tanque. Alguns passageiros pegaram seus celulares e gravaram a cena apavorante, certos de que estavam capturando os últimos instantes de sua vida.

Na cabine de comando, De Crespigny estava prestes a desligar o sinal de afivelar os cintos quando ouviu os dois estrondos, acompanhados do apito repetitivo do sistema mestre de alarmes. Ele apertou o botão de controle de altitude, que reduziu a potência e a tensão nos motores. A medida também nivelou o nariz do avião, que foi o que deu a Tooke a impressão de que a aeronave estava "despencando do céu".

Essa reação simples não foi apenas um reflexo de De Crespigny. Ele tinha relembrado uma experiência de quase uma década antes, quando era passageiro em um 767 da Qantas que sofreu uma explosão de motor durante a subida de decolagem. Em seu livro, QF32, ele afirma que ficou impressionado com a rapidez com que o comandante do 767 controlou os tremores violentos no avião. Depois da aterrissagem, De Crespigny perguntou ao homem o que ele havia feito para reduzir a potência tão rapidamente, e ele respondeu: "Eu só apertei o controle de altitude". Ele guardou para sempre essa pequena lição. A decisão de seguir essa lembrança foi a primeira das muitas, às vezes rápidas, às vezes tomadas após sofrida deliberação, que contribuíram para o final feliz de seu próprio quase desastre.

Meu amigo David Paqua, piloto de aviação geral, disse-me certa vez que "um piloto pode ter mil horas de experiência, ou pode voar a mesma hora mil vezes". Pilotos como De Crespigny usam cada hora no ar, e até as horas em solo, para se familiarizarem completamente com a física e a mecânica do voo. Ora, antes do QF-32, De Crespigny visitara as fábricas da Airbus e da Rolls--Royce, coletando material para um livro técnico que ele estava escrevendo sobre jatos de grande porte, inclusive o A380, o avião que lhe deu tanto trabalho naquele dia fatídico de 2009.

Por outro lado, Robert Pearson, o comandante da Air Canada de quem já falei neste livro, e cujo Boeing 767 novo em folha ficaria sem combustível no meio da viagem pelo Canadá em julho de 1983, disse-me que não sabia o bastante sobre o avião que estava pilotando no dia de sua quase catástrofe, e sua companhia aérea também não. "Esses aviões saíam da Boeing depois de terem passado pela mão de pilotos de teste que conheciam cada rebite e parafuso", disse Pearson. As aeronaves chegavam à companhia aérea para serem pilotadas por "gente como eu que não sabia nada" do projeto revolucionário. O drama dele começou com a falta de compreensão quanto ao modo como os computadores auxiliavam o avião. Essa complexidade ocultava um problema muito simples: o avião estava sem combustível. "Não sabíamos qual era o problema. Os motores estavam parando, e a gente ficava se perguntando: 'Como é que os computadores podem desligar os motores?'"

Ao mesmo tempo, uma vida inteira pilotando todo tipo de avião, incluindo, principalmente, planadores sem motor, permitiu que Pearson conseguisse pousar o 767 sem motores. Até o piloto mais experiente pode aprender algo novo com cada hora passada no ar.

Quando os alarmes das bombas de combustível começaram a acender no voo 143 da Air Canada naquele dia de verão de 1983, Pearson disse que ninguém na cabine de comando fazia a menor ideia de qual podia ser o problema. Os motores ainda estavam funcionando, e os computadores de gerenciamento de voo indicavam que havia bastante combustível. Vale lembrar que os pilotos tinham registrado manualmente a quantidade de combustível em libras, mas o sistema de gerenciamento de voo do 767 interpretou o valor como quilos, uma unidade de medida que correspondia a aproximadamente o dobro da libra.

Um sinal de como tudo aquilo estava confundindo a tripulação foi o primeiro comunicado de Pearson para os passageiros, dizendo que o computador do avião tinha pifado e que o voo seria desviado para Winnipeg para resolver tudo.

Quando os motores pararam de girar, os pilotos perceberam que não podiam passar mais tempo tentando descobrir. Isso era passado. Já o que aconteceria no futuro imediato dependia só deles.

Pearson me falou que ele e seu copiloto, Maurice Quintal, que faleceu em 2015, precisavam se concentrar em resolver como e para onde eles planariam com o avião. Pearson continuava voando, mas só com instrumentos básicos. Quintal fazia os cálculos, anotando a distância até as pistas de pouso mais próximas e a comparando com a velocidade com que o avião estava perdendo altitude.

"Eu achava que conseguiríamos chegar" a Winnipeg, disse Pearson, mas os cálculos de Quintal discordavam.

Em seus tempos de militar, Quintal treinara em Gimli, uma base da aeronáutica a 22 quilômetros à direita de onde estavam voando. Eles tinham altitude mais que suficiente para chegar lá — na verdade, altitude demais. Ao se aproximar da pista de pouso, o avião estava muito alto, e os pilotos não tinham como reduzir a velocidade. Quintal abaixou o trem de pouso, mas não bastou. Então Pearson usou uma manobra de glissada que ele havia apurado em seu tempo livre, rebocando planadores. Com o leme direcional, as placas nas asas chamadas ailerons e os profundores, ele virou a fuselagem na corrente de vento para que o volumoso flanco de metal do avião dificultasse o próprio movimento no ar. Você pode imitar o efeito se puser a mão para fora da janela do carro em movimento com a palma para a frente. Vai sentir a resistência na hora. Era com isso que Pearson estava contando para diminuir a velocidade.

"Estávamos usando a fuselagem como freio aerodinâmico", disse Pearson. O voo ficou absurdamente turbulento, mas deu certo.

"Eu não enxergava mais nada à minha volta. Sabia que Maurice estava do meu lado. Eu estava completamente concentrado na velocidade e na nossa relação com aquele pedaço de cimento."

Nos textos escritos sobre o "Planador de Gimli", a inspirada inovação de Pearson naquele dia foi atribuída à sua experiência com planadores. Pearson contesta essa visão em dois aspectos. O primeiro é que a manobra de glissada era usada com mais frequência quando ele rebocava planadores, não quando os pilotava. "Quando a gente se aproxima de um gramado com uma corda de metal pendurada [do avião], a gente vem alto porque não quer que a corda fique presa na cerca. Eu glissava em todas as aproximações, e eu rebocava muitos planadores." Pearson destacou também que, de qualquer forma, planadores têm freios aerodinâmicos, e, sem energia, o 767 que ele estava pilotando não tinha.

Na realidade, Pearson disse que foram todos os voos que ele fizera até então que o prepararam para aquele dia. Planadores e jatos comerciais, sem dúvida, mas também aviões acrobáticos e ultraleves, hidroaviões com flutuadores, aeronaves com trem de pouso de esqui para gelo e neve — décadas de experiências voltaram na hora. "Sempre podemos ganhar algo com cada coisa que fazemos", disse ele.

SINERGIA E TRABALHO EM EQUIPE

A filosofia do gerenciamento de recursos de tripulação (CRM, na sigla em inglês) é mesclar os pontos fortes de cada piloto para formar uma equipe mais treinada e experiente. Com De Crespigny no QF-32 estavam os copilotos Matt Hicks e Mark Johnson. Por acaso, havia outros dois comandantes na cabine: Dave Evans e Harry Wubben. De Crespigny estava sendo checado para o A380, e o piloto que o avaliava estava sendo treinado como comandante checador (isto é, aprendendo a avaliar se um piloto atende aos critérios do governo). "Então", explicou De Crespigny, "um comandante checador estava checando um comandante checador que estava me checando". Os cinco uniformes azul--marinho totalizavam 76 mil horas de voo.

Após ler sobre o voo 32 da Qantas — e prometo que volto para essa história daqui a pouco —, liguei para Denny Fitch, que me contou que toda essa experiência acumulada seria uma enorme vantagem para De Crespigny. Ele sabia do que estava falando; também era um piloto-herói.

Em 1989, Fitch era passageiro no voo 232 da United Airlines de Denver para Chicago. Uma hora depois da decolagem, o motor instalado na cauda do DC-10 se desintegrou em altitude de cruzeiro, e um pedaço rasgou uma porção da traseira da aeronave, onde três linhas hidráulicas se encontravam. As linhas foram cortadas, desencadeando o vazamento de fluido e privando os pilotos de qualquer forma de virar, desacelerar ou frear o avião.

Al Haynes estava no comando do voo, com os copilotos William Records e Dudley Dvorak. Quando ouviu o barulho, a primeira coisa em que Haynes pensou foi: "Alguém explodiu uma bomba". Ele ficou tão surpreso que derrubou o café.

Os pilotos ainda estavam tentando descobrir o que tinha acontecido quando foram interrompidos por mais uma crise. O avião começou a fazer uma volta para a direita em descida. A asa direita do avião se inclinou 38 graus, muito mais do que aviões comerciais de passageiros estão acostumados a fazer. O DC-10 estava prestes a rolar. Haynes diminuiu o combustível no motor esquerdo e empurrou para o máximo o do direito. A diferença de potência nos motores fez a asa subir de novo. Foi um ato de instinto e criatividade, inspirado nos primeiros dias de piloto de Haynes. Ele estava se baseando em seu conhecimento de aerodinâmica básica. "Você reduz o empuxo, e isso reduz a sustentação", explicou ele.

Com o lado direito nivelado de novo, o nariz do avião começou a subir e descer em um ciclo quase constante chamado fugoide, que persistiria até o fim do voo. Ainda assim, a correção do nivelamento permitiu que Haynes reorganizasse seus pensamentos em torno do que segundos antes parecia uma situação impossível. A tripulação continuaria manobrando a aeronave com o único mecanismo de controle disponível: o combustível dos motores. Foi nessa cena de pilotagem espontânea que entrou Denny Fitch.

Fitch era comandante instrutor de DC-10 da United, e tinha ido à cabine de comando para ver se poderia ajudar. Viu que os homens estavam concentrados na técnica que Haynes tinha acabado de inventar. A complicação adicional era que eles não podiam manter a mesma potência nos dois motores, porque isso fazia o avião tender a rolar.

"Pegue uma alavanca do manete em cada mão", disse Haynes a Fitch. "Você consegue fazer isso com muito mais suavidade do que nós." Então, posicionado entre Haynes e Record, Fitch obedeceu. "Os manetes passaram a ser função minha", disse Fitch. Nenhum dos quatro aviadores experientes no voo 232 da United jamais havia tentado pilotar um avião daquele jeito. Ninguém nunca imaginou que um avião perderia todos os controles.

Haynes era o comandante do voo, mas, nas muitas palestras que deu sobre o incidente desde 1989, ele reconheceu que foi a combinação da habilidade, do talento e do conhecimento de todos os quatro que os ajudou a evitar o desastre completo. "Por que eu saberia mais do que os outros três o que fazer para descer aquele avião naquelas circunstâncias?", disse ele.

Quando o avião caiu na pista do aeroporto Sioux Gateway, no Iowa, 45 minutos depois, 185 das 296 pessoas a bordo, incluindo os quatro pilotos, sobreviveram ao pouso forçado e ao incêndio subsequente. Morreram 111 pessoas, então, no máximo, o caso foi uma calamidade atenuada. Foi também uma demonstração da metáfora dos irmãos Wright: um avião sem condições de voo foi arrastado pelo ar até a pista porque o controle estava nas mãos dos pilotos, e não de quaisquer pilotos, mas de uma equipe cujo conhecimento, maturidade e experiência entraram em sinergia.

Fitch morreu em 2012, mas, quando conversei com ele sobre o voo 32 da Qantas no outono de 2010, ele me lembrou que, assim como no voo 232 da United, aqueles quatro homens na cabine de comando naquele dia representavam uma abundância de horas no controle de um A380, então não foi coincidência que deu tudo tão certo. "Não dá para comparar toda a experiência de sua vida com 76 mil horas", disse ele, quando lhe falei o total de horas de voo da tripulação do Qantas. O total de horas de voo dos pilotos no voo 232 da United era ainda maior: 88 mil. Segundo Fitch, máquinas quebram, então "no fim das contas o que vale é o fator humano".

TOMADA DE DECISÃO

Quando o motor dois do A380 de De Crespigny se desfez, o disco da turbina de pressão se partiu em três pedaços com forma de lua crescente, cada um com quase dois metros de comprimento e trinta centímetros de largura. Os pedaços saíram voando do motor como *chakrams* medievais gigantes, levando junto a parte traseira da carenagem. Outros fragmentos atingiram a fuselagem e abriram buracos na asa esquerda do avião, perfurando o tanque de combustível e rompendo parte da fiação elétrica.

Não era nenhum mistério que o problema era o motor dois, mas todo o restante continuava sem resposta, incluindo o motivo pelo qual os outros dois motores Rolls-Royce Trent 900 não estavam funcionando corretamente. Os pilotos não podiam alijar o combustível nem transferi-lo entre os tanques, e as bombas não estavam funcionando. Com medo de que o último motor desse pane, De Crespigny solicitou ao CTA autorização para subir a 10 mil pés (3 mil metros). "Eu queria altitude suficiente para planarmos de volta para Changi", explicou ele.

Nove meses antes, o comandante Sullenberger se viu em uma situação semelhante com ainda menos altitude. Ele estava a 3 mil pés (novecentos metros) após a decolagem do aeroporto LaGuardia, de Nova York, quando gansos voaram para dentro das turbinas e as incapacitaram. O A320 começou uma descida de mil pés por minuto. Em seu livro *Sully: O herói do rio Hudson*, Sullenberger disse que ele e Skiles perceberam em menos de um minuto que não conseguiriam chegar a nenhum dos aeroportos mais próximos. "Estávamos baixo demais, devagar demais, longe demais e virados na direção errada", escreveu ele. O rio Hudson era "longo o bastante, largo o bastante e, naquele dia, liso o bastante para pousar um avião". Foi o que ele fez.

Preocupado com a possibilidade de o A380 da Qantas também conseguir se transformar em um planador de 550 toneladas, De Crespigny calculou a altitude exata a que precisaria chegar para voltar ao aeroporto Changi. Ele não estava pensando em Sullenberger; pensava no astronauta Neil Armstrong e na ocasião em que ele, quando era piloto de testes do X-15 da Nasa nos anos 1960, ajudou a desenvolver uma técnica de planeio com o avião movido a foguete para trazê-lo de volta à terra depois de consumir todo o combustível.

Armstrong chegava a altitudes de até 200 mil pés (61 mil metros) e depois planava de volta para a base Edwards da Força Aérea, na Califórnia, usando a gravidade para descer em uma espiral cada vez mais estreita. De Crespigny achou que talvez precisasse emular esse pioneirismo de aviação.

"Eu ia fazer uma subida lenta até 10 mil pés, para alcançar a zona de planeio com os cálculos de que eu conseguiria chegar a 45 quilômetros" naquela altitude, explicou ele. Sua decisão unilateral preocupou os outros pilotos. Eles queriam fazer o avião descer, não subir. Apesar de todo o charme, De Crespigny não é nem um pouco manso. Ele é obstinado e às vezes cabeça-dura e ficou irritado quando os outros aviadores não concordaram. Ainda assim, De Crespigny cedeu, pois sabia, bem como Al Haynes, que, ao voar em um avião tão avariado, ninguém e todo mundo era um especialista.

"O total de horas de voo acumuladas pelos pilotos não garante a qualidade de suas decisões", afirmou Robert Mauro, professor de psicologia da Universidade de Oregon, em um artigo sobre o processo decisório de pilotos. "É a experiência em determinada situação que confere habilidade." Quando todo mundo é novato, a comunicação durante o processo de decisão se torna ainda mais fundamental.

James Reason descreve isso como "uma disposição por parte dos subordinados para se pronunciar, e uma disposição correspondente do líder para ouvir". De Crespigny estava tão determinado a não permitir que os três pilotos mais experientes na cabine sufocassem as contribuições dos dois homens mais novos que pediu ao copiloto mais jovem, Mark Johnson, que fosse o primeiro a opinar, seguido do copiloto Matt Hicks.

O ato de usar experiências anteriores para orientar uma decisão se chama decisão por associação. E, embora possa ser um método rápido e eficaz, o perigo, segundo Mauro, é que a experiência prévia talvez não seja útil em "ambientes instáveis ou situações ambíguas". Pior ainda é uma reação protocolar automática em casos em que seria preciso criatividade ou inovação.

Enquanto traçavam círculos a dois quilômetros acima do mar, os pilotos do voo 32 da Qantas eram consumidos pelas listas de controle geradas constantemente por um avião computadorizado que tentava fazer o próprio diagnóstico e orientar os pilotos por possíveis contramedidas. O buraco no tanque da asa esquerda despejava combustível, o que criava diversos desequilíbrios. Quando apareceu a lista referente a desequilíbrio das asas, a orientação para os pilotos era abrir as válvulas para transferir combustível do tanque bom para o que fora rompido.

"Devemos transferir combustível da asa direita intacta para a asa esquerda que está vazando?", perguntou De Crespigny para os outros. "Não", responderam eles. Muitas companhias aéreas esperam que os pilotos sigam rigorosamente os protocolos oficiais. A capacidade de determinar a hora de segui-los e a hora de ignorá-los demanda conhecimento, experiência, lógica, atenção, comunicação e força, mas as estratégias de decisão ainda estão evoluindo.

No *The Pilot's Handbook of Aeronautical Knowledge*, a FAA usa o PPP, recurso mnemônico que envolve *perceber*, *processar* e *praticar*, para ajudar os pilotos a lembrar os passos que devem preceder qualquer decisão. Na Lufthansa, os cadetes aprendem outro termo: FORDEC, sigla para *fatos*, *opções*, *riscos*, *decisões*, *executar* e *conferir*. Esse último C também poderia significar *ciclo*, porque a maior lição para os pilotos é que uma decisão não é algo pronto e acabado; é um ciclo constante.

O comandante Norhisham optou por deixar os autorreguladores ativados enquanto manobrava o MH-124 de volta para Perth, mas precisou rever o plano devido à necessidade constante de aumentar e diminuir o fluxo de combustível nos motores. Trata-se de um exemplo de decisão revista. No voo 143 da Air Canada, Pearson e Quintal queriam pousar no aeroporto de Winnipeg devido à disponibilidade de equipamentos de emergência e hospitais grandes. Mas era longe demais. Eles pensaram em pousar o avião no lago Winnipeg, mas, conforme Quintal atualizava seus cálculos de distância, viu que eles poderiam planar até Gimli. A revisão constante do plano prosseguiu, levando à pilotagem inovadora que fez do voo 143 da Air Canada uma das recuperações mais citadas da aviação.

PILOTAGEM

No dia de sua apresentação sobre recuperações heroicas no congresso sobre risco em 2009, James Reason dividiu o palco com Peter Burkill, um comandante de 45 anos da British Airways. O pouso forçado de Burkill em Londres no ano anterior foi a ovelha mais negra da família porque PPP, FORDEC, CRM — todas aquelas fórmulas alfabéticas feitas para ajudar — foram irrelevantes. Burkill e o copiloto John Coward se viram diante de uma pane tão repentina que eles só tiveram segundos para reagir.

Os pilotos e o copiloto de reserva, Conor Magenis, estavam no fim do voo 38 da British Airways vindo de Pequim. Conforme o avião sobrevoava os arredores de Londres, a maior preocupação de Burkill era saber se o portão estaria disponível para quando eles chegassem ao aeroporto. O comandante enxergava o lugar onde eles aterrissariam, na pista 27L, ao oeste, do outro lado do município de Hounslow. A menos de um minuto do pouso, Coward, que estava no controle do avião, disse de repente: "Não consigo nenhuma potência".

"Eu me lembro de olhar para as mãos dele nos manetes, e entendi o que ele quis dizer: o autorregulador estava todo para a frente", contou-me Burkill. Ele ainda estava processando a situação quando Magenis se pronunciou atrás deles, dizendo que parecia uma pane dupla dos motores.

"Eu lembro cada segundo daquele incidente. Parece que durou três minutos", disse Burkill. Na realidade, o tempo entre a descoberta chocante de Coward até o avião tocar o solo foi de apenas trinta segundos.

Após perceber que eles teriam que pousar sem potência, Burkill decidiu, em primeiro lugar, deixar que Coward pilotasse enquanto ele se concentrava nas opções. Mais adiante havia obstáculos assustadores: fábricas, residências com dois andares ou mais, a estação de metrô de Hatton Cross e um posto de gasolina, e eles precisariam passar por cima de tudo aquilo para chegar ao aeroporto. A pista de pouso estava envolvida por uma cerca alta, e do outro lado dessa cerca havia uma fileira de quase três metros de altura com antenas e refletores do aeroporto que bloqueariam uma aproximação baixa demais.

Burkill olhou os medidores que mostravam ainda dez toneladas de combustível nos tanques e ficou preocupado com o risco de incêndio. Conferiu os manetes outra vez, mas não houve mudança. E então o primeiro alarme soou na cabine de comando. O piloto automático tinha mantido o voo em trajetória de aproximação, mas a falta de combustível nos motores estava fazendo o avião perder velocidade. O manche começou a vibrar nas mãos de Coward, e um sonoro alarme de velocidade começou a apitar. A taxa de descida aumentou até mais do que o dobro dos habituais setecentos pés (cerca de duzentos metros) por minuto.

"Eu sabia como é que devia ser a sensação, e não era aquilo", disse Burkill. O único jeito de impedir que o avião batesse no edifício de dois andares e do tamanho de um campo de futebol que estava no caminho era reduzir o arrasto do avião. O trem de pouso, que tinha sido abaixado antes do começo da crise, estava desacelerando o avião, mas não havia tempo suficiente para recolhê-lo. Burkill concluiu que poderia ajudar a absorver o impacto da queda inevitável. Ele continuou pensando.

Antes dos problemas, durante os preparos para a aproximação, Coward havia pedido para Burkill abrir os flaps para trinta graus. Com isso, a asa assume uma forma de vírgula, para que o avião possa voar em uma velocidade menor. Burkill começou a pensar se um ligeiro achatamento das superfícies curvas bastaria para manter o avião no ar. Ele estendeu a mão para a alavanca dos flaps e, após um instante de hesitação, passou de trinta para 25 graus. Ele não consultou Coward; não dava tempo. O efeito foi imediato: a descida desacelerou.

Gus Macmillan, um músico de Melbourne, estava em um assento de janela logo atrás da asa direita. "Eu me lembro de pensar 'acabamos de passar da cerca' quando o gramado da pista surgiu embaixo da gente", disse ele para o jornal australiano *The Age*. O avião atingiu o gramado a 271 metros da pista de pouso e a 199 quilômetros por hora.

A decisão de Burkill dera ao avião um acréscimo de cinquenta metros no ar e permitiu que o voo 38 passasse por cima do edifício branco preocupante, pelo posto de gasolina, por cima da estrada e chegasse em segurança ao gramado após a imponente barreira metálica eletrificada de antenas e postes de luz. Todas as 152 pessoas a bordo sobreviveram.

"Eu queria ter tido tempo de me comunicar de fato" com os outros, disse-me Burkill mais tarde. Devoto dos benefícios do CRM, ele diz que aquela não só foi uma situação para a qual nunca foram treinados, mas que também não havia tempo para usar nenhuma das ferramentas de gerenciamento de crise que possuíam. Não foi nada parecido com as sessões no simulador, onde há muito tempo para conversar com o CTA e a tripulação, gloriosos minutos para considerar opções com as outras pessoas na cabine de comando. Em uma emergência real, ele tinha que inventar tudo na hora.

"Eu me vejo em um limbo", disse ele, "um limbo onde nenhum piloto quer estar, sem nenhuma lista de controle para a minha situação e nada escrito." Na era moderna dos aviões a jato, a perda de todos os motores é uma circunstância tão rara que não é usada como cenário de treino dos pilotos nas sessões com o simulador.

Sem minimizar a experiência pavorosa, uma que leva muitos pilotos heroicos a sofrer de transtorno de estresse pós-traumático muito depois do fim da aclamação pública, é nessa falta de orientação que os humanos sobressaem.

INCERTEZA E SURPRESA

Se está achando que esqueci você sobre o estreito de Cingapura em um jumbo barulhento e instável, traçando um circuito de espera ovalado com 469 passageiros assustados no voo 32 da Qantas, não esqueci. Quis fazer você experimentar só uma parte do período de uma hora e 45 minutos em que os pilotos e os passageiros ficaram voando sem saber o que aconteceria depois.

Um dos quatro motores poderosos do avião estava incapacitado, e outros dois estavam deteriorados. Imagine o copiloto Mark Johnson andando pelo corredor do avião e olhando pelas janelas dos passageiros para tentar avaliar os danos.

Talvez, como eu, você esteja se perguntando: por que os pilotos simplesmente não puseram o avião no solo o mais rápido possível? Isso era motivo de discussão dentro da cabine de comando.

Segundo De Crespigny, "reconsiderávamos essa opção de quinze em quinze minutos no ar. Não era hora de entrar em pânico e tomar decisões irracionais. Estávamos em uma jornada em busca de fatos; precisávamos entender quanto do A380 ainda tínhamos antes de começar a pensar em pousar".

Sim, voar era um risco. Ainda assim, antes de iniciar um processo de aterrissagem com um avião ainda pesado demais por causa de todo o combustível para uma viagem até Sydney e apenas 65% da capacidade de frenagem, De Crespigny queria algumas respostas. Será que eles conseguiriam consertar alguns dos muitos problemas? Como as avarias sem solução afetariam a capacidade de pouso? Eles não tinham como descobrir essas respostas. Havia problemas demais com o avião.

Depois de quase uma hora de voo, Dave Evans e Harry Wubben começaram a calcular quanto de pista o avião precisaria para conseguir parar. A pista mais longa do aeroporto Changi tinha 3960 metros. Evans e Wubben calcularam que o avião precisaria de 3870 metros da pista, mais do que o dobro necessário para um pouso normal. Era factível, ainda que com uma margem muito pequena. Era uma boa notícia.

Quando as rodas do gigantesco A380 tocaram o solo, De Crespigny enfiou os dois pés nos freios e, por um milagre, o avião desacelerou e parou dentro da distância calculada por Evans e Wubben. Porém, o drama ainda estava longe de acabar.

A asa continuava despejando combustível, mas o líquido agora estava se acumulando perto dos freios que haviam segurado o avião e tinham se aquecido a 870°C. Os caminhões de bombeiro só poderiam se aproximar da aeronave depois que os motores parassem, mas, quando a tripulação os desligou, o avião mergulhou na escuridão. Nove das dez telas dentro da cabine de comando haviam pifado. Seis dos sete rádios não funcionavam, e o motor um continuava girando.

Durante quase uma hora, todo mundo ficou parado dentro do avião escuro e abafado, enquanto os pilotos pensavam na ignição do combustível e na ameaça de um motor que ainda zunia como se estivesse no ar. Conforme Dave Evans disse à Royal Aeronautical Society, "estávamos em uma situação com combustível, freios quentes e um motor que não conseguimos desligar. E realmente o lugar mais seguro era dentro da aeronave".

Foi só depois de três horas jogando água e espuma no motor que ele finalmente parou de girar.

Assim como nas outras ocorrências dramáticas deste capítulo, os pilotos sabiam que a incerteza teria fim — em questão de horas para o voo 32 da Qantas, 45 minutos para o 232 da United, meia hora para o 124 da Malaysia, quinze minutos para o 143 da Air Canada e menos de um minuto para o 38 da British Airways. Eles não sabiam como seria o fim. É fácil esquecer isso.

Todos os pilotos que descrevi aqui tomaram decisões de forma consciente e se esforçaram para aumentar as probabilidades, que estavam totalmente contra eles — e todos tiveram que lidar com uma complicação de última hora. Foi um motor que não desligava e o constante risco de incêndio no voo 32 da Qantas; e foi o alarme de tesoura de vento que abalou Norhisham e Foong enquanto o 777 da Malaysia Airlines se aproximava de Perth. Com o voo 232 da United, à medida que o DC-10 se aproximava do aeroporto Sioux Gateway, um dos fugoides fez o avião mergulhar até apenas trezentos pés de altitude acima da pista.

"Foi aí que nossa sorte acabou. Perdemos altitude de vez, tentando corrigir", disse Haynes em um congresso da Nasa sobre riscos em 1991. "Tão perto do solo, não tínhamos tempo." A asa direita e a cauda se partiram, começou um incêndio, e o corpo do avião quicou pela pista e se desfez. A maior parte das vítimas fatais estava na parte traseira do avião e na primeira classe atrás da cabine de comando, que foi destruída no momento do impacto.

O posfácio mais bizarro foi nos últimos instantes do voo da Air Canada que veio a ser conhecido como o Planador de Gimli. O trem de pouso dianteiro cedeu quando o avião tocou o solo, e a parte da frente do avião bateu no chão com "um baita estrondo", nas palavras de Pearson. A resistência do metal se arrastando no asfalto serviu de freio para a aeronave, o que foi uma bênção: nenhum dos pilotos tinha reparado durante a aproximação ao que eles achavam que era uma pista de pouso abandonada, mas a ex-base aérea tinha sido convertida em pista para esportes automotivos. Naquele dia, o local estava sendo usado pelo Winnipeg Sports Car Club [Autoclube Esportivo de Winnipeg] e estava lotado de espectadores que desfrutavam a tarde de verão. Por um milagre, ninguém no solo se feriu.

Após enfrentar calamidades perturbadoras no céu, a falta de sorte nos últimos segundos parece algo simplesmente errado, mas John Cox, piloto de linha aérea aposentado e especialista em segurança aérea, não se surpreende com obstáculos até o fim da linha. "Acidentes aéreos são complexos", explicou Cox. "Em alguns casos, fatores independentes do problema original podem afetar a situação, e, em outros, tem tanta coisa acontecendo que é impossível prever tudo."

O CONTRÁRIO DO DESESPERO

Norhisham Kassim deu graças a Deus depois de sua aproximação angustiante com o desastre, e Al Haynes relatou sua crença de que "algo nos guia em tudo o que fazemos", acrescentando que é possível encontrar forças dentro de si, uma filosofia também adotada por Pearson e Burkill. Esse último componente da resiliência é o que James Reason chama de "otimismo realista", o contrário do desespero, uma crença teimosa de que tudo vai dar certo no fim.

"Você tem que acreditar em si mesmo. Sempre que sair para trabalhar, é para fazer algo que não é qualquer um na rua que consegue", disse-me Burkill. Para gerenciar emergências, é preciso autoconfiança, "é claro", disse ele. Pearson usou o argumento circular de que experiência dá confiança ao piloto, e confiança pode levar a resultados positivos.

"Os pilotos precisam sentir que são capazes de lidar com qualquer coisa", disse Haynes. "Se não tiver essa sensação, você não pode voar."

Esses voos enervantes são raros. Nessa corrente, o público geral nunca saberá a frequência com que pilotos evitam desastres em estágios muito anteriores, mas vários executivos de companhias aéreas dizem que o tempo todo se interrompe alguma ameaça à segurança.

Apesar das ambiguidades em relação ao modo como aeronaves mais e mais complexas afetam a capacidade do piloto de interagir com elas, uma coisa é certa: a quantidade de dados disponíveis na nova geração de aviões é uma ferramenta extraordinária. Centenas de detalhes em cada voo de rotina são compiladas e analisadas para que as companhias aéreas possam determinar a frequência com que suas operações extrapolam o limiar de segurança. Gravadores de voz e de dados oferecem uma perspectiva posterior, mas informações reunidas durante viagens normais podem ser coletadas, combinadas a outras e analisadas para descobrir debilidades ocultas em procedimentos de manutenção, treinamento ou operação.

"Até quando o resultado é bom, nem todas as partes da história são perfeitas", disse Billy Nolen, ex-comandante da American Airlines e agora vice-presidente sênior de segurança da Airlines for America, a associação comercial da indústria de companhias aéreas nos Estados Unidos. A revisão de uma grande quantidade de voos permite que uma empresa compreenda quão perto do limite chegam os voos sem incidentes. "O que nossos dados mostram? Qual é a nossa história?"

O estudo é mais sobre o túnel do que sobre a luz no final dele. Há muito ainda a ser feito para chegar lá, segundo o Comandante Fantástico (também conhecido como De Crespigny), que se lançou ao estudo das realizações humanas com o mesmo vigor que dedicou à aviação. "Muita coisa melhora quando extraímos os sucessos dos *Big Data*", disse ele. Desde os poucos pilotos-heróis que conseguiram recuperações dramáticas até os muitos que superam obstáculos e levam os passageiros em segurança até seus destinos — esses exemplos precisam ser examinados pelas lições que podem oferecer. "Vamos poder mudar a definição de segurança: em vez de evitar problemas, será garantir acertos", disse De Crespigny.

Em uma manhã de verão de 2006, o comandante Cort Tangeman e a co-piloto Laura Strand se aproximavam do aeroporto O'Hare de Chicago. Eles haviam feito o voo noturno com um MD-80 partindo de Los Angeles. Strand estava no controle, e ela pediu que Tangeman abaixasse o trem de pouso conforme eles se aproximavam do aeroporto, mas Tangeman percebeu que as portas do trem de pouso dianteiro não se abriam.

"Àquela altura, tínhamos passado a noite inteira em claro, e é meio que um espanto", disse Tangeman. "Você não tem certeza do que está vendo, e sabe que nada vai ser resolvido daqui até a hora do pouso." Os pilotos desceram o avião até cerca de quinhentos pés (150 metros), fazendo um voo rasante incomum pela pista de um dos aeroportos mais movimentados do mundo. Dali, um controlador da torre olhou para o avião com um binóculo e confirmou que os trens de pouso principais tinham sido baixados, mas os pneus sob o nariz da aeronave, não.

Os pilotos foram orientados a sobrevoar uma área fora da trajetória de aproximação enquanto planejavam o pouso. O combustível não era motivo imediato para inquietação, mas logo seria.

"Eu estava preocupado com a quantidade de combustível que estávamos queimando, porque os flaps estavam abertos em configuração de início de aproximação, o trem de pouso estava aberto e o avião voava baixo. Aviões consomem muito combustível em baixa altitude", disse Tangeman. Ele havia assumido o controle do voo de Strand, que passou a operar os rádios. "Quando a luz do combustível acendeu, o incidente chegou a um novo nível."

Os pilotos haviam conversado com a manutenção e tentado soltar o trem de pouso manualmente, mas sem sucesso. Tangeman se lembra da tensão e da urgência que vieram com a percepção de que a emergência era real e que eles precisariam usar todas as suas habilidades para evitar o desastre.

"Não é um simulador, não podemos sair e tentar de novo; estamos com pouco combustível", pensou ele na ocasião. "Não vamos sair desta."

Quando o avião tocou o solo, Tangeman decidiu apoiar o avião nos trens de pouso principais pelo máximo de tempo possível antes de operar os inversores de empuxo. "Quando a fuselagem de alumínio do MD-80 finalmente atingiu o asfalto, o som lembrava uma serra circular rasgando uma lata de lixo. Paramos muito rápido, em 2300 metros, com a carga máxima, sem inversores." Foi um pouso tão perfeito que nenhuma das 136 pessoas a bordo se feriu, e o dano ao avião foi mínimo.

O helicóptero de um noticiário equipado com câmera havia registrado os últimos trinta segundos do pouso, o que proporcionou um elemento de fascínio a uma história já palpitante. Talvez seja por esse motivo que o desempenho de Tangeman e Strand naquele dia se tornou tema de treinamento em fatores humanos na American durante dezoito meses depois do incidente.

Tangeman foi incentivado a contar sua história para os outros pilotos, e a questão a que ele sempre voltava era o valor das lições aprendidas com outras pessoas. "Não existem ases" na cabine de comando da companhia aérea, disse ele. Pilotos veteranos que compartilham suas experiências proporcionam uma atmosfera em que pilotos podem salvar o dia continuamente.

"O aspecto que teve mais peso em minha vida foi trabalhar com outros grandes comandantes", contou-me Tangeman. "Nada supera um excelente mentor."

Ao mesmo tempo, e em uma indústria que favorece a automação em detrimento do toque humano, o maravilhoso lado da humanidade costuma ser ignorado e subestimado, exceto nos casos de pilotos heroicos como esses que você viu aqui. Suas histórias são inspiradoras, mas eles definitivamente não são as únicas pessoas que contribuem para o sistema complexo que garante a segurança de um voo. Projetistas de aeronaves e motores, funcionários de linha aérea e engenheiros de manutenção, controladores de tráfego aéreo e reguladores — todo mundo cumpre um papel; assim como os passageiros, ao identificarem a saída de emergência mais próxima de seus assentos e manterem os cintos afivelados durante o voo.

Quando os problemas acontecem, o que é inevitável, os detetives da aviação encontram as lições na catástrofe. Nossa habilidade exclusivamente humana de aprender com nossos erros, de pensar, criar e inovar, funciona melhor do que a gente imagina.

Agradecimentos

Escrever um livro é um exercício de paciência — não para mim, mas para todo mundo que cruzou o meu caminho ao longo dos últimos dois anos. Atormentei todas essas pessoas. Gente que eu conhecia e gente que eu não conhecia. Uma quantidade impressionante dessas pessoas me ajudou.

Algumas são mencionadas ou descritas neste livro. Outras me prestaram apoio nos bastidores, com pesquisas, orientações, conferência de fatos e provocações, e tudo ajudou a cristalizar meus pensamentos. Sem essas pessoas todas, este livro estaria incompleto.

Sou extremamente grata aos indivíduos experientes que mencionei aqui e também a todos que, por receio de consequências negativas, pediram que eu não citasse seus nomes em meus agradecimentos. Todas as páginas foram infundidas com suas contribuições.

Na era digital, o trabalho de um bibliotecário é evoluir constantemente. Tive a oportunidade de trabalhar com dois exemplos excepcionais dessa profissão sempre vital: Yvette Yurubi, que administra quase sete décadas de história da Pan American Airways na Universidade de Miami, e Nick Nagurney, da Perrot Memorial Library, na minha cidade natal de Old Greenwich, Connecticut, que vasculhou com alegria pelo mundo em busca de alguns títulos muito obscuros. Para os autores dos livros e relatórios em minha bibliografia, obrigada por fazer com que temas complicados sejam compreensíveis.

Às vezes, a palavra escrita não basta, então contei com a ajuda de Bob Benzon, James Blaszczak, Mike Bowers, Barbara Burian, John Cox, Key Dismukes, Olivier Ferrante, Peter Fiegehen, Pete Frey, John Gadzinski, Darren Gaines, Mitch Garber, Keith Hagy, Tom Haueter, Guy Hirst, Kevin Humphreys, Judy Jeevarajan, Jim Karsh, Rory Kay, Lewis Larsen, John Lauber, Robert MacIntosh, John Nance, Michael O'Rourke, Kazunori Ozawa, David Paqua, Mike Poole, Helena Reidemar, Eduard M. Ricaurte, Donald Sadoway, Steve Saint Amour, Gary Santos, Ron Schleede, Patrick Smith e Robert Swaim.

Trabalhar em meio a uma cultura desconhecida sempre é um desafio. Maureen Jeyasooriar, Riza Johari e Anita Woo prestaram auxílio na Malásia em tantos aspectos que não dá para contar. Embora, como todos os malaios, elas tenham se abalado com o desaparecimento do voo 370 da Malaysia Airlines, essas mulheres trabalharam com empenho e dedicação.

No Japão, Takeo Aizawa começou como meu repórter de rua, virou meu tradutor, assumiu a função de pesquisador e, depois, conselheiro, e para sempre será um amigo querido.

Pelo trabalho de resgatar arquivos antigos e oferecer relatos sobre acontecimentos de muito tempo atrás, um agradecimento especial a Ed Dover, de Albuquerque, e ao saudoso Nick Tramontano. Merecem também lembranças Stuart Macfarlane e Anne Cassin na Nova Zelândia, Mick Quinn e Ben Sandilands na Austrália, Samir Kohli na Índia, George Jehn em Nova York, Les Filotas em Ottawa, Guy Noffsinger em Washington, D.C., Jeff Kriendler em Miami e Graham Simons e Susan Williams na Inglaterra.

Representantes das seguintes organizações se esforçaram para me atender de um jeito ou de outro: Daniel Baker, CEO da FlightAware; Perry Flint, da Associação Internacional de Transportes Aéreos, e Markus Ruediger, da Star Alliance. Da Lufthansa, Matthias Kippenberg, Nils Haupt e Martin Riecken (os dois últimos já não trabalham mais lá hoje em dia). Agradeço também a Corey Caldwell, da Associação de Pilotos de Linha Aérea; Martin Dolan, já aposentado, do Australian Transport Safety Bureau; Robert Garner, do Laboratório da Câmara de Altitude na Universidade do Estado do Arizona, em Mesa; Mary Anne Greczyn, da Airbus; Peter Knudson, do National Transportation Safety Board; James Stabile e James Stabile Jr., da Aeronautical Data Systems; e Mamoru Takahashi, do Conselho Japonês de Segurança nos Transportes.

Um agradecimento especial à ABC News por pedir minha ajuda na cobertura de desastres aéreos. Quando eu estava na Malásia, foi um presente trabalhar com Mike Gudgell, Matt Hosford, David Kerley, David Reiter, Gloria Rivera, Brian Ross, Rhonda Schwartz, Ben Sherwood, Jon Williams e Bob Woodruff.

Ter paciência é uma coisa, mas não há muito tempo para paciência de fato durante a escrita de um livro. Obrigada a Joanna Stark, na Rebel Desk, por me ajudar a escrever com celeridade; a Steven Fiorenza, do Centro de Fisioterapia Avançada de Stamford, por amaciar meus nós; e a M. J. Kim, da Kida NYC, por me ajudar a me sentir bonita.

Os dois melhores críticos do mundo me amam, mesmo que não amem tudo o que escrevo. Minha irmã Andrea Lee Negroni é advogada, mas corta frases com tanta precisão que poderia ser cirurgiã. Meu marido, o editor Jim Schembari, do *New York Times*, é um excelente burilador de palavras, mas as minhas deram trabalho.

Espero que os esforços deles com meu texto tenham facilitado um pouco a vida de minhas editoras, Shannon Kelly e Meg Leder, e a inteligentíssima Emily Murdock Baker, que trabalhava na Penguin e agora dirige a EMB Editorial. Um agradecimento especial a elas, ao publicitário Christopher Smith e à minha agente, Anna Sproul-Latimer, da Ross Yoon, que costuma dizer "O que eu posso fazer para ajudar?" bem nas horas em que eu mais preciso. Anna e eu talvez nunca teríamos nos conhecido se não fosse a perspicácia da bela e talentosa Dara Kaye, também da Ross Yoon. Agradeço à minha pesquisadora-assistente, Chrissi Culver, cujas habilidades para investigar e acompanhar certamente beneficiarão o público voador em seu novo emprego como controladora de tráfego aéreo.

As mulheres são uma parte pequena da comunidade de aficionados de aviação, mas nossos números estão crescendo. Sou muito grata ao fato de que Chrissi, Emily e Anna se incluem entre elas.

Gratidão e amor infinito à minha família: meu marido, Jim, e meus filhos, Antonio, Sam, Joseph e Marian, e o marido dela, Elliot Speed, por todo o apoio. E minha gratidão eterna a Deus por suas bênçãos.

Referências bibliográficas

ADAIR, W. *The Mystery of Flight 427: Inside a Crash Investigation*. Washington, D.C: Smithsonian Institution Press, 2002.

Air Accident Report No. 79-139. Air New Zealand McDonnell Douglas DC 10-30 ZK-NZP. Ross Island Antarctica 28 November 1979. Wellington: Office of Air Accidents Investigation, Ministério dos Transportes, 1979.

BAINERMAN, J. *The Crimes of a President: New Revelations on Conspiracy & Cover-up in the Bush & Reagan Administrations*. Nova York: Shapolsky, 1992.

BARTELSKI, J. *Disasters in the Air: Mysterious Air Disasters Explained*. Airlife, 2001.

BEATY, D. *Strange Encounters: Mysteries of the Air*. Nova York: Atheneum, 1984.

BOOTH, T. *Admiralty Salvage in Peace and War 1906–2006: Grope, Grub and Tremble*. Barnsley, Inglaterra: Pen & Sword, 2007.

BRAGG, R. L. "Tenerife — A Survivor's Tale". *Flight Safety Australia*, set.-out. 2007.

BROCK, H. *Flying the Oceans: A Pilot's Story of Pan Am, 1935–1955*. Lanham, Maryland: Jack Aronson, 1978.

BURKILL, P.; BURKILL, M. *Thirty Seconds to Impact*. Bloomington, Indiana: AuthorHouse, 2010.

BUTLER, S. *East to the Dawn: The Life of Amelia Earhart*. Boston: Addison-Wesley, 1997.

CHOISSER, J. P. *Malaysia Flight MH370 — Lost in the Dark: In Defense of the Pilots: An Engineer's Perspective*. CreateSpace, 2014.

CROUCH, G. *China's Wings*. Nova York: Bantam, 2012.

DAVIS, J. R. et al. (Orgs.). *Fundamentals of Aerospace Medicine*. 4. ed. Filadélfia: Lippincott Williams & Wilkins, 2008.

DE CRESPIGNY, R. *QF32*. Sydney: Pan Macmillian Australia, 2012.

DEHAVEN-SMITH, L. *Conspiracy Theory in America*. Austin: University of Texas Press, 2014.

DEPARTAMENTO DE TRANSPORTES DOS ESTADOS UNIDOS, FEDERAL AVIATION ADMINISTRATION. *The Pilot's Handbook of Aeronautical Knowledge 2008*. Washington, D.C: GPO, 2008.

FILOTAS, L. *Improbable Cause: Deceit and Dissent in the Investigation of America's Worst Military Air Disaster*. BookSurge, 2007.

GAWANDE, A. *Checklist: como fazer as coisas benfeitas*. Rio de Janeiro: Sextante, 2011.

GERO, D. *Aviation Disasters: The World's Major Civil Airliner Crashes Since 1950, 4th ed*. Stroud, Inglaterra: Patrick Stephens, 2006.

GONZALES, L. *Flight 232: A Story of Disaster and Survival*. Nova York: W. W. Norton, 2014.

GRIFFIOEN, H. "Air Crash Investigations: The Crash of Helios Airways Flight 522". *Lulu. com*, 2009.

HAINE, E. A. *Disaster in the Air*. Cranbury, Nova Jersey: Cornwall Books, 2000.

HILL, C. N. *Fix on the Rising Sun: The Clipper Hi-jacking of 1938 — and the Ultimate M.I.A.'s*. Bloomington, Indiana: 1st Books Library, 2000.

HOFFER, W.; HOFFER, M. M. *Free Fall: A True Story*. Nova York: St. Martin's Press, 1989.

HOLMES, P. *Daughters of Erebus*. Auckland: Hodder Moa, 2011.

INKSTER, I. (Org.). *History of Technology 2005*, v. 26. Londres: Continuum, 2006.

JACKSON, R. *China Clipper*. Everest House, 1980.

JEHN, G. *Final Destination: Disaster: What Really Happened to Eastern Airlines*. Howard Beach, Nova York: Changing Lives Press, 2014.

KEITH, R. A. *Bush Pilot With a Briefcase: The Incredible Story of Aviation Pioneer Grant McConachie*. Vancouver, Canadá: Douglas & McIntyre, 1972.

KEMP, K. *Flight of the Titans: Boeing, Airbus and the Battle for the Future of Air Travel*. Londres: Virgin Books, 2006.

KOHLI, S. *Into Oblivion: Understanding #MH370*. CreateSpace, 2014.

LANGEWIESCHE, W. *Fly by Wire: The Geese, The Glide, The Miracle on the Hudson*. Londres: Picador, 2010.

LEVINE, S. *The Powerhouse: Inside the Invention of a Battery to Save the World*. Nova York: Viking, 2015.

LINDBERGH, D. A. *Do voo e da vida*. São Paulo: Melhoramentos, 1949.

LONG, E. M.; LONG, M. K. *Amelia Earhart: The Mystery Solved*. Nova York: Simon & Schuster, 1999.

MAHON, P. *Report of the Royal Commission Crash on Mt. Erebus*. Wellington, Nova Zelândia: Hasselberg Government Printer, 1981.

_____. *Verdict on Erebus*. Londres: Collins, 1984.

MCCAIN, J. (Org.). *Aviation Accident Investigations: Hearing Before the Committee on Commerce, Science, & Transportation, U. S. Senate*. Darby, Pensilvânia: Diane Publishing, 1997.

MCCULLOUGH, D. *The Wright Brothers*. Nova York: Simon & Schuster, 2015.

MEDINA, J. *Brain Rules*. Seattle: Pear Press, 2014.

MICKLOS, J. *Unsolved: What Really Happened to Amelia Earhart*. Nova York: Enslow, 2006.

MURPHY, J. D. *Courage to Execute: What Elite U.S. Military Units Can Teach Business About Leadership and Team Performance*. Nova York: Wiley, 2014.

REASON, J. *The Human Contribution: Unsafe Acts, Accidents and Heroic Recoveries*. Nova York: Ashgate, 2008.

REED, T.; REED, D. *American Airlines, US Airways and the Creation of the World's Largest Airline*. Jefferson, Carolina do Norte: McFarland, 2014.

SERLING, R. J. *The Jet Age*. Nova York: Time Life Books, 1982.

SIMONS, G. *Comet!: The World's First Jet Airliner*. Barnsley, Inglaterra: Pen & Sword Aviation, 2013.

SOUCIE, D. *Malaysia Airlines Flight 370: Why it Disappeared — and Why It's Only a Matter of Time Before This Happens Again*. Nova York: Skyhorse, 2015.

SULLENBERGER, C.; ZASLOW, J. *Sully: o herói do rio Hudson*. Rio de Janeiro: Intrínseca, 2016.

VETTE, G.; MACDONALD, J. *Impact Erebus*. Lanham, Maryland: Sheridan House, 1983.

WAGNER, A. H.; BRAXTON, L. E. *Birth of a Legend: The Bomber Mafia and the Y1B-17*. Bloomington, Indiana: Trafford, 2012.

WALKER, J. *The United States of Paranoia: A Conspiracy Theory*. Nova York: Harper Perennial, 2014.

WECHT, C. H.; CURRIDEN, M. *Tales from the Morgue: Forensic Answers to Nine Famous Cases*. Amherst, Nova York: Prometheus Books, 2005.

WIGGINS, M. W.; LOVEDAY, T. (Orgs.). *Diagnostic Expertise in Organizational Environments*. Nova York: Ashgate, 2015.

WILLIAMS, S. *Who Killed Hammarskjöld? The UN, the Cold War and White Supremacy in Africa*. Nova York: Oxford, 2014.

WISE, J. *Fatal Descent*. Amazon Digital Services, 2015.

Índice remissivo

11 de setembro, atentados terroristas, 28

9M-MRO, 35, 39, 53; *ver também* Boeing 777; Malaysia Airlines, voo 370 (MH-370)

Aboulafia, Richard, 166-7

Abu Bakar, Tan Sri Khalid, 107

Adair, Bill, 143

aeronaves despressurizadas, 45

aeroporto Los Rodeos (Tenerife), 183-90

Agência Central de Inteligência (CIA), Estados Unidos, 82, 92

Agência de Segurança Nacional, Estados Unidos, 93

Agência Japonesa de Exploração Aeroespacial (JAXA), 164

Air Accidents Investigation Branch, Ministério dos Transportes do Reino Unido, 137

Air Botswana, 174

Air Canada, voo 143, 191-3, 202, 207-9, 214, 218

Air France, voo 447, 57, 59-61

Air New Zealand, voo 901, 11, 108-19; voos da Experiência Antártica, 109, 114, 116-7

Air Registration Board, Reino Unido, 135, 138

Airbus A300, 22, 52

Airbus A320, 190, 204, 212

Airbus A321, 94, 118

Airbus A330, 59

Airbus A350, 162

Airbus A380, 124, 166, 181, 206-7, 209, 211-2, 217-8

Aizawa, Takeo, 168

alarmes de dupla função, 27

Albertina (DC-6), 84-5, 88-9, 91

All Nippon Airways (ANA), 147-9, 159-60, 163, 167

Allen, A. V. (Paddy), 87

Alport, Cuthbert, 85-6

Amelia Earhart: The Final Story (Loomis), 69

Amelia Earhart Lives (Gervais), 73

American Airlines, 150, 220

American Trans Air, voo 406, 23, 25, 27

ANA, voo 692, 148

análise de similaridade, 162

Arey, James, 73

armas em aeronaves, 88, 89, 92-3, 99, 102; *ver também* caso Irã-Contras

Armstrong, Neil, 212

Arrow Air, 92-3, 98, 100, 118

Asiana Airlines, voo 214, 189-90, 195-6

Associação de Pilotos de Linha Aérea (ALPA), 102, 151, 155, 185

Associação Internacional de Estudos em Segurança contra o Fogo, 155

Atcheson, Alistair, 49

Australia Transport Safety Bureau (ATSB), 52-3, 65, 177

automação em aeronaves: e complacência da tripulação, 194-5; e complexidade, 221; impacto geral na segurança do voo, 193; e navegação, 111; e relatórios de status, 31; e voo 214 da Asiana Airlines, 189-90

autópsias, 85, 87, 97, 137, 139

Aviation Safety Reporting System (ASARS), 26

Avro-10 Fokker, 124

B-16, 71

B-299, 181

Babbitt, Randy, 194

BAC-111, 49

Baker, Daniel, 57, 60

Baker, Jim, 105

Barnett, Brian, 158

Bartelsk, Jan, 88

Base Aérea Gimli, 208, 214, 218

base Edwards da Força Aérea (EUA), 212

baterias de íon-lítio, 51, 63, 146-7, 154-8, 161-2

Bayes, Thomas, 59

Beaty, David, 126, 133

Bellegarrigue, Stephanie, 26

Benevolência divina (Bayes), 59

Benzon, Bob, 26, 27

Berman, Ben, 188

Besco, Robert, 186

Bird, Mark Louis, 103

Blaszczak, James, 55, 149

Boag, Peter, 96, 99

Bobbitt, Norm, 96

Boeing 299, 180-1

Boeing 727, 23, 100-6, 142-3, 191

Boeing 737, 25-9, 31, 34, 49, 81-2, 141-4

Boeing 747: e acidente com o voo 800 da TWA, 144-6; e colisão na pista de Tenerife, 182, 184-6; e dano de água em equipamentos eletrônicos, 52-3, 75; e explosões do tanque de combustível, 66; e incidentes de descompressão súbita, 49; e o Lockheed L-1011, 166-7; e sistemas de monitoramento de aeronave, 62

Boeing 767, 52, 167, 191-2, 202, 206-7, 209

Boeing 777: altitude e taxas de consumo de combustível, 38-9; e dano no compartimento de aviônicos, 53; e morte de piloto, 182; e programação pré-voo,

55; e sistemas de controle de voo, 202; e
sistemas de monitoramento de aeronaves,
59, 62, 64, 80; e tesoura de vento, 203,
218; ver também 9M-MRO; Malaysia
Airlines, voo 370 (MH-370)
Boeing 787 (Dreamliner): complexidade
do, 124; e bateria, 125, 147, 149-
50, 152, 154-68; e fatores humanos,
179; e procedimentos de teste, 136; e
programação pré-voo, 55; e projeto do
tanque de combustível, 146
Boeing Co, 27, 52, 125-6, 166; ver também
aeronaves específicas
Boeing, Fortaleza Voadora, 180-1
Bolam, Irene, 73
bombardeiro pesado Lancaster, 127
Bombardier, 124, 189
Brabazon, John Theodore Cuthbert Moore,
Lord, 138
Bragg, Robert, 184-5
British Air Line Pilots Association (BALPA),
132
British Airways, voo 38, 214-6, 218
British Airways, voo 5390, 49
British Overseas Airways Corporation
(BOAC), 126-7, 129, 132-4, 136-7
Brock, Horace, 11, 19, 58, 71
Brooks, Gordon, 109
Brown, Laura, 167
Bureau d'Enquêtes et d'Analyses, França,
60
Bureau of Air Commerce, Estados Unidos,
67
Burkill, Peter, 214, 215, 219
Burnett, Jim, 94, 98, 103

Bury, William John, 136
Bush Pilot with a Briefcase (McConachie),
130

caixas-pretas, 104; ver também gravadores
de voz da cabine de comando; gravadores
de dados do voo
Câmara de Treinamento em Altitude Del E.
Webb, 40-1, 45
Cambet, Marc, 162
Cameron, David, 118
Canadian Aviation Safety Board (CASB), 93,
95-6, 98
Canadian Pacific Airlines, 129-30
caso Irã-Contras, 92-3, 102
Cassin, Anne, 113
Cassin, Greg, 109, 113, 116
Centro Aeroespacial Alemão, 173
"centro de confusão", 56
Centro de Treinamento Aéreo do Arizona
(ATCA), 172
Charalambous, Pambos, 25, 27
China Clipper, 72
Chippindale, Ron, 112-5, 117
Chiu, José, 22, 88
Civil Aviation Safety Authority, Austrália
(CASA), 176-8
Clipper Victor, 184-6
códigos de transponder, 34, 36
Coiley, David, 80
Colgan, voo 3406, 190
Collins, Jim, 109-14, 116
Colson, Charles, 82
Comando Naval de Sistemas Marítimos,
Estados Unidos, 164

Comet! The World's First Jetliner (Simons), 140

Comissão Real de Inquérito, Nova Zelândia, 114, 116

compartimento de equipamentos e dispositivos eletrônicos (baia E&E), 52, 75

compósito Hyfil, 166

comunicações e navegação por rádio, 10, 56, 68, 102

condições meteorológicas, 19-20, 71, 176

"cone de ambiguidade", 57, 60

Conner, Ray, 160

Conselho Boliviano de Investigação de Acidentes e Incidentes, 106

Conselho de Investigação de Acidentes Aéreos norueguês, 27

Conselho Japonês de Segurança nos Transportes (CJST), 164, 168

Consumer Product Safety Commission, Estados Unidos, 155-6

Controle de Qualidade e Regulamentação da Malaysia Airlines, 63; *ver também* Malaysia Airlines

controle de tráfego aéreo (CTA): e acidente com o *Albertina*, 86; e acidente com o voo 901 da Air New Zealand, 111, 115; e acidente da Arrow Air, 100; e acidentes do Comet, 139; e colisão na pista de Tenerife, 183-4; e complexidade do sistema de segurança aérea, 222; comunicação com tripulantes com hipóxia, 25-6, 41; e fatores humanos, 174; e gerenciamento de recursos da cabine de controle, 188; e incidente de perda de motor com o Qantas, 212; e MH-370, 32-3, 64; e navegação por rádio, 56; e o voo 692 da ANA, 149; e processo de investigação de acidentes, 80; e simulações de voo, 216; e voo 188 da Northwest, 194; e voo 522 da Helios, 48; e voo 553 da United, 82

controle do leme direcional, 141-2

Coward, John, 214

Cox, John, 115, 144, 219

Crandall, Robert, 150

Crosby, John, 94, 96

CTC Wings, Nova Zelândia, 172

Cummings, Missy, 195

Cupit, Zoe, 175-6

Currall, Bernie, 175

Dahn, Jeff, 154, 162, 168

dano por água, 52-3, 75

Davis, Arthur, 101

Davis, Morrie, 114

DC-3, 191

DC-6, 84-5, 88-9, 91

DC-8, 92, 96-7, 125

DC-9, 191

DC-10, 11, 108-18, 125, 166, 209-10, 218

de Crespigny, Richard, 181, 205-6, 209, 211-3, 217, 220

de Havilland Comet, 125-37, 139-40, 146-7, 164, 168, 179

Deadly Departure (Negroni), 65-6, 145

deHaven-Smith, Lance, 81

dendritos, 158, 163

Departamento de Aviação Civil, Malásia, 63

Departamento de Justiça dos Estados
Unidos, 96
Departamento de Transportes dos Estados
Unidos, 66, 146
DH-100 Vampire, 126
digitalização do voo, 191; *ver também*
automação em aeronaves
Dion, Rick, 192
Disaster in the Air (Haine), 10
Disasters in the Air (Bartelski), 88
Dismukes, Key, 181, 188, 199
Divisão de Aviação Civil, Nova Zelândia
(CAD), 114, 116
Do voo e da vida (Lindbergh), 45
Domenici, Folco, 137, 139
Dorday, Alan, 111
Douglas 1B, 180
Douglas Aircraft, 126
Dover, Ed, 56
Doyle, Millard, 24-5
Dreamliner *ver* Boeing 787
Dvorak, Dudley, 210

Earhart, Amelia, 11, 68-73
Eastern Airlines L-1011 "Aerossussurro",
166, 187
Eastern Airlines, voo 401, 187, 194
Eastern Airlines, voo 980, 100-6
EgyptAir, voo 990, 57, 174
Eidson, Patricia, 141
Elizabeth, rainha da Inglaterra, 126
Embraer E-Jets, 124
Embraer Legacy, jatos executivos, 34-5
Emirates Airlines, 123
Empress of Hawaii, 129, 131

Engle, Michael, 190
Érebo, monte, Antártida, 11, 108, 110, 111,
115-7
Errington, Al, 105
Estação Espacial Internacional, 161
Estey, Willard, 99-100
estol em solo, 132
Evans, Dave, 209, 217-8
Exército dos Estados Unidos, 71, 92, 94, 124
Experiência Antártica *ver* Air New Zealand,
voo 901
extremismo islâmico, 67, 94

fadiga do metal, 135
falhas de campo, 158, 163
falhas estruturais, 49, 134-38
"fatores humanos", 177, 180-1, 185, 188,
204, 211, 221
Federação da Rodésia e Nyasaland, 86-7,
90
Federal Aviation Administration (FAA),
Estados Unidos: e acidente com o voo 427
da USAir, 144; e acidente com o voo 980
da Eastern Airlines, 101; e acidente da
Arrow Air, 98; e alarmes de dupla função,
27; e Dreamliner, 155, 157, 160, 167-8;
e falhas do controle do leme direcional,
142; e fatores humanos, 174; e materiais
de segurança contra incêndio, 151; e
recurso mnemônico PPP, 213; e regras para
transponders, 35; e segurança do sistema
de baterias, 155, 157, 160, 167-8
Federal Bureau of Investigation (FBI),
Estados Unidos, 66, 71-2, 94
Feiring, Timothy, 24-5

Feith, Greg, 104-5

Fernandez, Edouard, 20

Ferrante, Oliver, 60

Feynman, Richard, 17

Fichte, Royce, 105

Fielitz, Dillon, 41

Filotas, Les, 93, 95-6, 98-100

Final Destination: Disaster (Jehn), 101

Fitch, Denny, 209-10

Fix on the Rising Sun (Hill), 70, 74

Flach, John, 196

Flight Safety Foundation, 177, 186

FlightAware.com, 57, 60

Flying the Oceans (Brock), 11, 71

Foong, Caleb, 201-2, 218

Foote, Harry, 126-8, 131-4

Força Aérea do Exército dos Estados Unidos, 180-1

Força Aérea dos Estados Unidos, 90

Força de Paz, Estados Unidos, 102-3

FORDEC, recurso mnemônico, 213-4

Fortaleza Voadora *ver* Boeing, Fortaleza Voadora

Frei-Shulzer, Max, 89, 91

Frey, Pete, 19, 54, 171

Frostell, Caj, 79

fugoides, 218

Futrell, Dan, 106

Gadd, Richard, 92

Gadzinski, John, 48, 205

Garber, Mitch, 47

Garner, Robert, 40

Gemmell, Ian, 112, 115

Gerber, Allen, 105

Gerber, Mark, 105

gerenciamento de recursos da cabine de comando (CRM), 187

gerenciamento de recursos de tripulação (CRM), 209, 216

GermanWings, 9, 174

Gervais, Joseph, 71, 73

Gibson, Alan, 136

Gilpin, Greg, 112

Ginsberg, Arthur, 117

Gonzales, Laurence, 205

Goodenough, John, 168

Grande Aeródromo, 196

gravadores de dados do voo, 81, 143, 219

gravadores de voz da cabine de comando, 29, 82, 115, 118, 141, 144, 219

Gray, Harry, 101

Green, Hal, 141

Green, Kerry, 23-5

Greenwood, David, 111-3

Greenwood, Robert, 70

Grubbs, Victor, 184-5

GS Yuasa, 147, 156-7, 162, 168

Guarachi, Bernardo, 105

Guarda Costeira dos Estados Unidos, 69

Haddon, Maurice, 133

Hallonquist, Per Erik, 85, 88

Hamid, Fariq Abdul: e hipótese de despressurização, 37, 39, 42, 44-5, 47, 49-50, 54; passado profissional, 30, 33; responsabilidades no MH-370, 32, 35; treinamento no 777, 32

Hammarskjöld, Dag, 11, 84, 86-7, 90-1

"handshake", mensagens de, 52, 60

Harper, Robert H. T., 135
Haueter, Tom, 104, 142, 144
Hawaii Clipper, 10, 11, 19-20, 55-9, 67, 69-76, 79, 191
Haynes, Al, 210, 212, 219
Helios, voo 522, 25-9, 37, 48, 79-80, 182
Heller, Joseph, 77
Hersman, Deborah, 160
Hicks, Matt, 181, 209, 213
hidroavião Martin 130: *ver também Hawaii Clipper*
hidroavião Sunderland, 74
Hill, Charles, 70, 74
Hill, Ployer P., 180
Hillary, Edmund, 110
hipóxia: e alarmes de função dupla, 27; e hipótese do MH-370, 21-3, 30-7, 39, 42-3, 48, 50, 54; e importância da investigação de acidentes, 11; e treinamento em altitude, 29; e voo 522 da Helios, 25-6
Hirata, Koichi, 159
Holst, Kim, 202
Hoover, J. Edgar, 71
Howland, ilha, 68-70
Hudson, pouso na água no rio, 30, 204
Huerta, Michael, 160
Hughes, Howard, 130
Human Contribution, The (Reason), 204
Hunt, Dorothy, 81
Hunt, E. Howard, 81
Hussein, Hishammuddin, 63-4

Illimani, monte, Bolívia, 101-6
Improbable Cause (Filotas), 93, 98

Inmarsat, 39, 52, 60-1, 76, 80
inspeções e programação pré-voo, 46, 55; *ver também* listas de controle
Instituto de Medicina Legal de Pisa, 137

Jackson, Ronald W., 72
James, Dominic, 175-8
Japan Airlines (JAL), 147, 149, 160-1, 163, 174
Jeevarajan, Judy, 161-2, 165
Jehn, George, 100-3, 106-7
Johnson, Mark, 209, 213, 216
Journal of Air Transportation, 190
Julien, Harry, 86-7
jumbo L-1011, 165-6, 187, 194

Kalitta Flying Service, 41
Kametani, Masaki, 164
Kankasa, Timothy, 86
Katanga, 84, 89
Katz, Harvey L., 73
Kawamura, Kenichi, 148-9
Keith, Ronald, 130
Kelly, Judith, 103-4
Kelly, William, 103
Kippenberger, E. T., 116
Kippenberger, Lisanne, 172-3
Kippenberger, Matthias, 172-3
Kissinger, Peter, 104
Kitka, Ed, 144
Klaas, Joe, 73

La Paz, Bolívia, 100, 102, 105
Laboratório de Humanos e Autonomia da Universidade Duke, 195

Laboratório de Patologia das Forças
  Armadas dos Estados Unidos, 97
Lacroix, Roger, 96, 98
Lafortune, Helene, 94
Lamanov, Andrei, 204
Lancaster, Tim, 49
Langley, Samuel, 196
Larsen, Lewis, 158, 164
Last Flight (Earhart), 69
Lattice Energy LLC, 158
Lauber, John, 177-8, 186, 188
Learjets, 41
Lee Jung-min, 190, 196
Lee Kang-guk, 190, 195
Leighton, Stuart, 112
Lenell, Craig, 182
LENRs (reações nucleares de baixa energia),
  158
Leon, Michael, 157
Leslie, John C., 74
Lindbergh, Charles, 45
listas de controle, 180-1, 213
Lockheed Constellation, 127
Lockheed Electra, 69, 71
Lockheed L-1011, 165, 167, 187, 194
Loft, Bob, 187
Loomis, Vincent, 69
Lubitz, Andreas, 173-4
Lucas, Graham, 109

MacIntosh, Robert, 80, 90, 106
Macmillan, Gus, 215
MacNeill, William L., 72
Magenis, Conor, 214
Mahon, Peter, 114-5, 117

Malaysia Airlines, voo 124, 201-3, 218
Malaysia Airlines, voo 370 (MH-370):
  área de busca do, 59, 61; e dados de
  localização, 37-8, 80; e desafios culturais
  de investigação, 64; e erro humano, 201;
  e escassez de provas concretas, 20, 107; e
  importância da investigação de acidentes,
  9-10; e panes do sistema elétrico, 51,
  53; e procedimentos de manutenção em
  solo, 46; e programação pré-voo, 55;
  e teorias da conspiração, 62, 64-5; e
  teorias geopolíticas, 67, 74-5; hipótese de
  despressurização, 21-3, 30-7, 39, 42-3,
  48-50, 54; treinamento de pilotos, 32-3
Manly, Charles, 196
Martin 130, hidroavião, 19, 55, 58, 71, 73,
  124; *ver também Hawaii Clipper*
Martin 146, 180
Mastracchio, Christin Hart, 195
materiais compósitos, 166-7
Mauro, Robert, 212
McCarty, William, 20, 74-5
McClure, Don, 102, 106
McConachie, Grant, 130
McCormick, John, 176-7
McDonnell Douglas, 108, 115, 151, 166
McFarlane, Robert, 93
McGrew, Jean, 143
McInerney, Thomas, 61, 65
McMeekin, Robert, 97-8
McMurdo, enseada, 108-11, 116
MD-80, 220-1
mensagens de status, 31, 52
mercenários, 84, 89
Merten, Hans-Jürgen, 25

Metrojet, 94, 118
Metron Scientific Solutions, 59
Meurs, Klaas, 184-5
Miyoshi, Ayumu Skip, 149-50
Moloney, Nick, 109
Mostert, Willem Karel, 138
Mozambique Airlines, voo 470, 174
Mulgrew, Peter, 110
Murphy, Stephen, 24-5
Mussallem, Dave, 96
Mystery of Flight 427: Inside a Crash Investigation, The (Adair), 143

Nance, John, 82-3, 182
narcotráfico, 102
Nasa (National Aeronautics and Space Administration), Estados Unidos, 10, 26-7, 156, 161, 164, 188; Centro de Pesquisa Ames, 186
National Security Agency (NSA), Estados Unidos *ver* Agência de Segurança Nacional, Estados Unidos
National Transportation Safety Board (NTSB), Estados Unidos: e acidente com o voo 522 da Helios, 26; e acidente com o voo 901 da Air New Zealand, 115; e acidente com o voo 980 da Eastern Airlines, 100-1, 103-4, 106-7; e acidente da Arrow Air, 94, 97-8, 100; e conhecimento técnico, 80-1; e falhas do controle do leme direcional, 142; e fatores humanos, 178; e máscaras de oxigênio, 47; e problemas de complacência da tripulação, 194, 196; e projeto de tanque de combustível, 66;

e segurança do sistema de baterias, 160, 162, 164, 167
navegação estimada, 20
Ngongo, John, 86
Noffsinger, Guy, 10, 71, 73, 76
Nolen, Billy, 220
Noonan, Fred, 68-70
Norhisham Kassim, 201-4, 214, 218-9
North, Oliver, 93
Northwest Airlines, voo 188, 194-5
Novoselov, Yevgeny, 204

O'Rourke, Michael, 101, 106
Ogden, Nigel, 49
Omega, sistema de navegação, 103
Operation Overdue (filme, 2014), 113
Organização das Nações Unidas, 11, 89, 91; *ver também* Hammarskjöld, Dag
Organização Independente pela Libertação do Egito, 94
Organização Internacional de Aviação Civil, 79
Oubaid, Viktor, 173
Ozawa, Kazunori, 161

Pan American Airways: e autoridade na cabine de comando, 182-5; e navegação pelo rádio, 56; e Noonan, 69-70; e receio de espionagem japonesa, 71-4; e serviço de hidroaviões, 67; e Terletsky, 58; e voos transpacíficos, 56, 124; e Walker, 70; *ver também Hawaii Clipper*
panes de motor, 206, 209, 211-2, 214-6, 218
panes de trem de pouso, 220-1

Paqua, David, 207
Parker Hannifin, 142
Pearson, Robert, 191-2, 207-8, 214, 219
Pel-Air, 176-7
Pentland, Charles, 129-30, 132
Perreault, William, 132
Pilot's Handbook of Aeronautical Knowledge, The (Departamento de Transportes americano), 213
Pinto, Ruy, 60
Plane That Wasn't There, The (Wise), 61
Poindexter, Richard, 93
Polícia Montada Real Canadense, 94, 96
Polícia Real da Malásia, 107
Pratt & Whitney, 94, 180
pressão na cabine, 21-3, 27, 140
prevenção de acidentes, 10, 179-90
privação de oxigênio *ver* hipóxia
procedimentos de decolagem, 128-33
Prodromou, Andreas, 28-9
Purdy, Charlotte, 112
Purvis, John, 144
Putnam, George, 68
Putt, Donald, 180

Qantas Airways: e dano a equipamentos eletrônicos, 52, 75; e incidente de descompressão súbita, 49; e incidente de perda de motor, 206, 209, 211-2, 217-8; e listas de controle dos pilotos, 181; voos na Antártida, 108
Qantas Airways, voo 2, 52-3, 75
Qantas Airways, voo 32, 181, 206, 216, 218
QF32 (De Crespigny), 206
Quintal, Maurice, 192, 208, 214

Ramli, Nadira, 33
Reagan, Ronald, 100, 102-3
Reason, James, 121, 204-5, 213
recordes de velocidade, 130
Records, William, 210
Renslow, Marvin, 189
Repo, Don, 187
República do Congo, 84
Robinson, Glenn, 175
Robinson, Tim, 166
Rodésia do Norte, 11, 85
Rojas, Grover, 105
Rolls-Royce, 165-6, 181, 207, 211
Royal Aeronautical Society, Reino Unido, 217
Royal Air Force, Reino Unido, 126, 135
Royal Air Maroc, 174
Royal Aircraft Establishment, Reino Unido, 135, 139

sabotagem, 71-2, 90, 99; *ver também* teorias de *hackers*
Santamarta, Ruben, 76
Sawle, North, 130
Schleede, Ron, 79, 94-5, 98, 104
Schreuder, Willem, 185
Schulze, Dana, 161-2, 164, 179
Securaplane Technologies, 156-7
Seidlein, George, 94
Selfridge, Thomas, 124
separação vertical mínima reduzida (RVSM), 176
sequestros, 9, 59, 70, 72-6
Shah, Zaharie Ahmad, 30, 32-3, 35, 42-4, 48, 58

Sharm El Sheik, Egito, 94, 118

Sharp, John, 176

Shaw, Jim, 151

Shaw, Rebecca, 189

Sherr, Lynn, 97

Shih-Chieh Lu, 41

Siegel, Robert, 118

SilkAir, 174

Simons, Graham, 140, 146

simuladores de voo, 30, 216

Sinnett, Mike, 125

Sistema de Comunicações e Relatório de Aeronaves (ACARS), 31, 48, 51, 59-60

sistemas de localização, 56, 68; ver também sistemas e erros de navegação

sistemas de pressurização, 52, 127, 135-6

sistemas de radar, 37, 39, 52, 57, 115

sistemas de suplemento de oxigênio, 23, 25, 27-8, 40-2, 44-9

sistemas e consumo de combustível, 39, 145, 191-2, 207, 221

sistemas e erros de navegação, 20, 50, 56, 69-72, 74, 102

Skiles, Jeff, 204-5, 212

Smith, C. R., 130

Snyder, George, 177

Sociedade de Medicina de Aviação da Austrália e da Nova Zelândia, 23

Soft, Safeli, 86

Sondenheimer, Patrick, 174

Sony Energy Devices Corporation, 154

Spanair, voo 5022, 182

Stabile, James, 23, 47-8

Stevenson, Ross, 96

Stewart, Payne, 26, 48

Stiles, Rus, 101

Stockstill, Bert, 187

Stone, Larry, 59

Stoner, Isaac, 106

Strand, Laura, 220

Strange Encounters: Mysteries of the Air (Beaty), 126

Stroessner, Alfredo, 102

Stromboli, 139-40

suicídio de pilotos, 126, 174

Sullenberger, Chesley, 30, 204-5, 212

Sully (Skiles), 212

Sumwalt, Robert, 194

Swissair, voo 111, 151-2

Takahashi, Mamoru, 168

Tales from the Morgue (Wecht), 98

Tangeman, Cort, 220-1

tecnologia de comunicações, 9, 39, 56; ver *também* comunicações e navegação por rádio; tecnologia de satélites

tecnologia de satélites, 39, 51, 57, 59-60, 75

teorias de conspiração e acobertamento, 11, 61, 64, 66, 114

teorias de *hackers*, 75-6

Terletsky, Leo, 19, 58, 71

terrorismo, 64, 98, 145

tesoura de vento, 203, 218

testes toxicológicos, 98

Thorneycroft, Ken, 97

Tooke, Mike, 206

Tower, Leslie, 180

Tramontano, Nick, 89

transponders, 33-4, 36-7, 51

Transportation Safety Board of Canada, 151
treinamento em altitude, 40-1
Trippe, Juan, 73, 130
Trotter, Barry, 100-1
Tshombe, Moise, 85
Tsuji, Koji, 168
Tupelov TU-154, 204
Turing, Alan, 139
TWA, voo 800, 11, 65-6, 144-6

unidade de referência inercial e dados
   aéreos (ADIRU), 202-3
unidades de controle de potência (PCU),
   142-3
United Airlines, voo 232, 205, 209-11, 218
United Airlines, voo 553, 81-2
United Airlines, voo 585, 141-2
United States of Paranoia, The (Walker), 64
United Technologies, 101
Universidade Politécnica Estadual do
   Arizona, 40-1, 45
USAir, voo 427, 143

van Zanten, Jacob, 183-4, 187
Vander Stucken, Alisa, 103
Vandyk, Anthony, 132
Verdict on Erebus (Mahon), 117
Vette, Gordon, 116
Vickers Viscount, 191
Vidal, Gene, 67

Walker, Jesse, 64-5
Walker, Mark, 70
Walsh, Julian, 53
Warns, George, 184

Washburn, Brad, 70
Wecht, Cyril, 98
Westwind, Israel Aircraft Industries, 175
Wheatley, John, 104
Whittle, Frank, 126
Who Killed Hammarskjöld? (Williams), 86,
   91
Wickens, Christopher D., 188
Williams, Richard, 180
Williams, Susan, 86-7, 90-1, 119
Williamson, Maurice, 169
Wise, Jeff, 61, 74-6
Witkin, Richard, 101
Wright, irmãos, 12, 124, 165, 196, 211
Wright Flyer, 124
Wubben, Harry, 209, 217

X-15, 212

Young, John, 107

Zeru, Desta, 147

ESTA OBRA FOI COMPOSTA PELA ABREU'S SYSTEM EM INES LIGHT
E IMPRESSA EM OFSETE PELA LIS GRÁFICA SOBRE PAPEL PÓLEN SOFT DA SUZANO
PAPEL E CELULOSE PARA A EDITORA SCHWARCZ EM MAIO DE 2017

A marca FSC® é a garantia de que a madeira utilizada na fabricação do papel deste livro provém de florestas que foram gerenciadas de maneira ambientalmente correta, socialmente justa e economicamente viável, além de outras fontes de origem controlada.